ARMANDO VINICIO PAREDES PERALTA
LUIS FERNANDO ARBOLEDA ÁLVAREZ
JHOANNA ISABEL CAIZA CUZCO

EL ALMIDÓN, COMO RECUBRIMIENTO COMESTIBLE EN LA CONSERVA DE ALIMENTOS

ARMANDO VINICIO PAREDES PERALTA
LUIS FERNANDO ARBOLEDA ÁLVAREZ
JHOANNA ISABEL CAIZA CUZCO

EL ALMIDÓN, COMO RECUBRIMIENTO COMESTIBLE EN LA CONSERVA DE ALIMENTOS

USO Y EFECTO EN LA CONSERVACIÓN DE FRUTAS

Editorial Académica Española

Imprint

Any brand names and product names mentioned in this book are subject to trademark, brand or patent protection and are trademarks or registered trademarks of their respective holders. The use of brand names, product names, common names, trade names, product descriptions etc. even without a particular marking in this work is in no way to be construed to mean that such names may be regarded as unrestricted in respect of trademark and brand protection legislation and could thus be used by anyone.

Cover image: www.ingimage.com

Publisher:
Editorial Académica Española
is a trademark of
Dodo Books Indian Ocean Ltd. and OmniScriptum S.R.L publishing group

120 High Road, East Finchley, London, N2 9ED, United Kingdom
Str. Armeneasca 28/1, office 1, Chisinau MD-2012, Republic of Moldova, Europe
Printed at: see last page
ISBN: 978-613-9-43547-0

"EL ALMIDÓN, USO Y EFECTO COMO RECUBRIMIENTO COMESTIBLE EN LA CONSERVACIÓN DE FRUTAS"

TABLA DE CONTENIDO

CAPITULO I

I

CAPITULO II

CAPITULO III

ÍNDICE DE FIGURAS

TITULO

"EL ALMIDÓN, SU USO Y EFECTO COMO RECUBRIMIENTO COMESTIBLE EN LA CONSERVACIÓN DE FRUTAS"

RESUMEN

Las pérdidas pos cosecha de frutas y hortalizas causadas por microorganismos, son altas debido a la falta de recursos tecnológicos y a la ausencia de sistemas de protección, que provoca la baja competitividad de esta cadena de valor, afectando directamente la economía de los productores. Es por esto que, varios investigadores, se han enfocado en la búsqueda de nuevas técnicas, que sean amigables con el medio ambiente, y prolonguen por más tiempo la vida útil de los productos en la cadena hortofrutícola. El presente trabajo, se enfoca en recopilar información existente sobre el almidón, su uso y efecto protector como recubrimiento comestible en la conservación de frutas. La información que compone el siguiente documento proviene de libros, revistas, normas y tesis, electrónicas, completando la búsqueda con la lectura y rastreo de bibliografía referenciada en los documentos seleccionados, con el fin de proporcionar una buena base y una visión global del tema, los cuales fueron priorizados según la jerarquía de evidencia científica. En base a los resultados evidenciados en distintos estudios se deduce, que el almidón, es una alternativa interesante, para la conservación de frutas, debido a que actúa como una barrera protectora que evita la pérdida de peso, conserva por más tiempo las características sensoriales, y prolonga la vida útil de los frutos por más tiempo. Por esta razón se lo ha llegado a considerar como un producto prometedor para crear recubrimientos y películas comestibles, al ser un recurso de alta disponibilidad, fácil biodegradabilidad, y amigable con el medio ambiente.

Palabras Claves: Almidón, frutas, recubrimientos comestibles, poscosecha, propiedades funcionales.

ABSTRACT.

Post-harvest losses of fruits and vegetables caused by microorganisms are high due to the lack of technological resources and the absence of protection systems, which causes the low competitiveness of this value chain, directly affecting the economy of producers. This is why several researchers have focused on the search for new techniques that are friendly to the environment, and extend the useful life of products in the fruit and vegetable chain for a longer time. The objective of this work was to compile information on starch, its use and protective effect as an edible coating in the preservation of fruits. The information that makes up the following document comes from electronic books, journals, standards and theses, completing the search with the reading and tracking of bibliography referenced in the selected documents, in order to provide a good base and a global vision of the subject, which were prioritized according to the hierarchy of scientific evidence. Based on the results evidenced in different studies, it can be deduced that starch is an interesting alternative for preserving fruits, since it acts as a protective barrier that prevents weight loss, preserves sensory characteristics for longer, and prolongs the shelf life of the fruits for longer. For this reason, it has come to be considered as a promising product for creating edible coatings and films, as it is a highly available resource, easy to biodegrade, and friendly to the environment.

Key Words: Starch, fruits, edible coatings, postharvest, functional properties.

INTRODUCCIÓN

Las frutas son productos agrícolas altamente perecederos, debido a la actividad metabólica que continua aún luego de ser cosechadas, y a la vez a su alto contenido de agua que facilita las condiciones de vida necesarias para el desarrollo de hongos y bacterias, provocando así la destrucción rápida y extensiva del tejido en toda la anatomía del producto, disminuyendo la calidad y el valor comercial del fruto. (Organización de las Naciones Unidas para la Alimentación y la Agricultura. 2004. p.8)

(Infoagro. 2019.p.1) afirma que: A nivel mundial las pérdidas pos cosecha de frutas y hortalizas causadas por microorganismos, son del orden de 5-25% en países desarrollados y 20-50% en países en desarrollo. La diferencia radica en que los países desarrollados poseen mayor disponibilidad de recursos tecnológicos y económicos para prevenir las pérdidas. No así obstante en los países en vías de desarrollo donde las pérdidas pos cosechas son altas debido a la falta de recursos tecnológicos y a la ausencia de sistemas de protección, que provoca la baja competitividad de esta cadena de valor, limitando seriamente su mejora y afectando directamente la economía de los comerciantes.

Por lo mencionado anteriormente varios estudios se han enfocado en la investigación de diversas técnicas de conservación que ayuden a reducir el deterioro y la perecibilidad del alimento, haciendo referencia al uso de los recubrimientos comestibles, como una alternativa de conservación pos cosecha.

Según (Fernández, D. et al., 2015.p. 53), un recubrimiento comestible (RC) se puede definir como una matriz transparente continua, comestible y delgada, que se forma alrededor de un alimento con el fin de preservar su calidad, reducir la proliferación de microorganismos y servir de empaque. La mayoría de RC, son elaborados a partir de polisacáridos por sus buenas propiedades de adherencia a los frutos, lo cual permite que sean más efectivos, siendo el almidón un carbohidrato ampliamente utilizado para recubrir diversas frutas y vegetales, debido a que su aplicación en los frutos, no produce riesgos de cambios en el sabor, como color, además de ser un recurso fácilmente extraíble y de bajo costo. (Ramos, M., 2018. pp.1-3).

Es así que buscando optimizar no solo la productividad sino también el aprovechamiento máximo de los recursos y tomando en cuenta la preocupación de las nuevas generaciones por consumir productos saludables libres de conservantes y otros adictivos químicos; la presente investigación se ha planteado los siguientes objetivos: Recopilar información existente sobre el almidón, su uso y su efecto protector como recubrimiento comestible en la conservación de frutas. Seleccionar los fundamentos teóricos más importantes, que permitan conocer las bondades que proporcionan los recubrimientos en la conservación de frutas. Identificar mediante el uso de la revisión bibliográfica cual es el almidón más idóneo en la elaboración de recubrimientos comestibles.

CAPITULO I

1. MARCO TEÓRICO REFERENCIAL

1.1. Las frutas

De acuerdo al Instituto Ecuatoriano de Normalización (INEN 1751, 1996, p. 4), sobre Frutas frescas, menciona que. "Un fruto es todo órgano comestible de la planta, procedente del fructificación, destinada al consumo en estado natural, cuyas células se mantienen en estado de turgencia y que presentan características de maduración comercial".

1.1.1. *Problema pos cosecha de las frutas*

Después de la cosecha los frutos frescos son susceptibles de ser atacados por patógenos saprófitos o parásitos, debido a su alto contenido en agua y nutrientes y porque han perdido la mayor parte de la resistencia intrínseca que los protege durante su desarrollo en el árbol. Las pérdidas económicas ocasionadas por las enfermedades de poscosecha representan actualmente uno de los principales problemas de la fruticultura mundial (Acuña, L. et al., 2015. p. 1).

Los patógenos más importantes que causan elevadas pérdidas de frutas y hortalizas son normalmente las bacterias y los hongos, sin embargo, con mayor frecuencia son especies de hongos las causantes del deterioro patológico de frutas, hojas, tallo y productos subterráneos (raíces, tubérculos, cormos, etc.) (Rubio, F., 2015. pp. 3-4).

La pérdida y el desperdicio de alimentos (PDA) es un tema que cobra cada vez mayor relevancia en Canadá, Estados Unidos y México, países donde anualmente se pierden y desperdician, casi 170 millones de toneladas de alimentos, generando enormes cantidades de metano, gas de efecto invernadero 25 veces más potente que el dióxido de carbono, además, de otros efectos ambientales y socioeconómicos, como uso ineficiente de los recursos naturales, pérdidas económicas, pérdida de biodiversidad y problemas de salud pública. (Comisión para la Cooperación Ambiental, 2017.p.9)

1.1.2. *Enfermedades y deterioro*

Todas las frutas, hortalizas y raíces son partes de plantas vivas que contienen de un 65% a un 95% de agua y cuyos procesos vitales continúan después de la recolección. Su vida después de la cosecha depende del ritmo al que consumen sus reservas almacenadas de alimentos y del ritmo de pérdida de agua. Cuando se agotan las reservas de alimentos y de agua, el producto muere y se descompone. Cualquier factor que acelere el proceso puede hacer que el producto se vuelva incomestible antes de que llegue al consumidor.

El producto fresco puede quedar infectado, antes o después de la cosecha por enfermedades difundidas por el aire, el suelo y el agua. Algunas enfermedades pueden atravesar la piel intacta del producto, mientras que otras solo pueden producir infecciones cuando ya existe una lesión. Ese tipo de daños es probablemente la causa principal de pérdidas del producto fresco (López, H.,2013. pp.31-32)

El deterioro de poscosecha producido por hongos y bacterias en el producto fresco causa daño físico, aumenta la pérdida de agua y la respiración. La contaminación por bacterias se produce más comúnmente por contacto con agua infectada o por contacto con bacterias del suelo, mientras que los hongos proliferan por extensión y división celular o formando esporas que son dispersadas por el aire, el agua, animales vectores e Insectos. Durante el almacenamiento, el producto envejece y los tejidos se debilitan por una degradación gradual de la estructura e integridad celular, siendo incapaz de soportar la invasión, produciéndose la infección por organismos patógenos (es decir, la infección está latente). (Rubio, F., 2015. pp. 2-3)

1.2. Almidón.

Según (Melo, D. &et al.,2015. p.38), el almidón es un biopolímero de gran importancia compuesto por amilosa y amilopectina, es la mayor fuente de nutrición para animales y humanos, es una importante materia prima para la industria, es un material abundante, renovable, biodegradable y de bajo costo, extraído de diversas fuentes naturales como tubérculos, cereales, legumbres y frutos inmaduros, que al hidrolizarse puede generar productos de mayor valor comercial.

1.2.1. *Principales fuentes de obtención del almidón*

Las fuentes convencionales importantes para la obtención de harina y almidón son cereales como maíz, trigo, arroz y sorgo y tubérculos como papa y yuca; también se utilizan hojas y semillas de leguminosas. Actualmente se exploran otras fuentes no convencionales que presentan características fisicoquímicas, estructurales y funcionales de uso en la industria, como materiales para empaques biodegradables, producción de almidones resistentes, elaboración de productos alimentarios y como sustitutos de almidones de trigo y maíz en panadería. (Montoya, J. et al.,2015. p.12)

1.2.2. *Composición del almidón*

Los gránulos de almidón están compuestos por una mezcla de dos polímeros: amilosa y amilopectina. Estos polímeros tienen la misma estructura básica, pero difieren en su longitud y grado de ramificación, lo que finalmente afecta las propiedades fisicoquímicas. La amilosa es esencialmente un polisacárido lineal o escasamente ramificado con enlaces α (1-4) con un peso molecular de 105-106 y puede tener un grado de polimerización (DP) tan alto como 600. Mientras que la amilopectina es un polímero altamente ramificado con un peso molecular de 107-109 y α (1–4) (alrededor del 95%) y α (1–6) (alrededor del 5%) de enlace y con una cadena pendiente de DP ~ 15, que es responsable de la cristalinidad de los materiales y esta estructura afecta el propiedades físicas y biológicas. (Shah, U., et al. 2015.p.2)

Cuanto más bajo es el porcentaje de amilasa, el almidón es más estable y resistente a la retrogradación (reorganización de la amilosa y amilopectina en una estructura cristalina cuando las pastas de los almidones son enfriados). En la tabla 1-1, se detalla el % de amilosa de algunos almidones. El almidón de yuca tiene una tendencia baja a la retrogradación y produce un gel muy claro y estable. (Cevallos, J., 2007.p. 49).

Tabla 1-1. Porcentaje de amilosa en los almidones más comunes

% de Amilosa	Tipo de Almidón
24 a 36	Maiz
17 a 29	Trigo
8 a 37	Arroz
18 a 23	Papa
16 a 19	Yuca

Fuente: (Cevallos, J., 2007.p. 50).

Realizado por: Los autores, 2020.

1.2.3. *Métodos de extracción de almidón*

Existen diferentes métodos de extracción de almidón ya sea proveniente de maíz, trigo, yuca, papa o plátano. Los principales y más generales son: El método seco y el método húmedo, estos métodos son bastante simples para la extracción de almidón de yuca, plátano y un poco más sencillo que los de cereales o de maíz. (Carrasco, L.; & Molocho, V.,2015. pp.3-4).

1.2.3.1. Método seco:

Consiste básicamente en la molienda del fruto después del lavado, obteniendo de este proceso harina, para su posterior tamizado y así obtener almidón. Tomando en cuenta operaciones que se llevan a cabo de manera inmediata, para desarrollar el método y obtener un producto final de calidad y con características que sean deseables en el almidón (Carrasco, L.; & Molocho, V.,2015. p.4).

1.2.3.2. Método húmedo:

Este método consiste en la trituración o reducción de tamaño del guineo para y retire en medio liquido aquellos componentes de la pulpa que son relativamente más grandes como la fibra y la proteína, posteriormente se facilita la eliminación del agua por decantación al final se lava el material sedimentado para eliminar las últimas fracciones diferentes del almidón y finalmente someter al almidón purificado en seco (Carrasco, L.; & Molocho, V.,2015. p.4).

1.2.4. *Diferencias físicas de los almidones*

Las féculas de yuca y papa, se hinchan de forma rápida a una baja temperatura; igualmente su pico de viscosidad es alto, mientras que el pico de viscosidad de los almidones de maíz y de trigo son relativamente bajos, porque los gránulos son hinchados moderadamente y requieren temperaturas más altas. Los almidones nativos son insolubles en agua a temperatura por debajo de su punto gel. La viscosidad es medida en unidades Brabender, que refleja la consistencia de la pasta y las propiedades bajo calentamiento y enfriamiento en un tiempo determinado. Las curvas de viscosidad Brabender, son características y diferentes para cada tipo de almidón (Almidones de Sucre.,2015. p. 2).

En la tabla 2-1, se detalla las curvas de viscosidad, las características para cada tipo de almidón.

Tabla 2-1: Temperatura de viscosidad de los almidones más comunes.

Almidón 95°C 20 min.	Temperatura de gel. °C 50°C 20 min.	Rango pico viscosidad
Yuca	54-66	800-1500
Papa	56-66	1000-2500
Maiz	70-80	300-600
Trigo	75-85	200-500

Fuente: (Almidones de Sucre.,2015. p. 2)

Realizado por: Los autores, 2020.

1.2.5. *Viscosidad de los almidones*

El almidón en presencia de agua y con el suministro adecuado de energía sufre un proceso de gelatinización en el cual se rompe su estructura cristalina pasando de gránulos insolubles hasta la obtención de una solución de sus moléculas, originando pastas viscosas. Las moléculas de amilosa durante este proceso se difunden en el agua formando un gel, mientras que la amilopectina pierde su orden cristalino. Esta transición de orden-desorden que sufren los polímeros de almidón al ser sometidos a calentamiento son las que impactan en el procesamiento, calidad y estabilidad de los productos basados en almidón (Salgado. R, et al.,2019. p.99).

En la siguiente tabla se detalla las propiedades de pasta de los almidones más comunes

Tabla 3-1: Propiedades de la pasta o engrudo para algunos almidones.

Propiedad	Féculas Almidones			Factor
	Yuca	Papa	Maíz	
Cocimiento	Rápido	Rápido	Lento	Velocidad de hinchamiento del gránulo.
Estabilidad durante el cocimiento	Pobre	Pobre	Bueno	Fragilidad y solubilidad del granulo.
Pico de viscosidad	Alto	Muy alto	Moderado	Crecimiento y solubilidad del granulo.
Gelificación	Baja	Baja	Muy alta	Retrogradación de las moléculas
Consistencia	Filamentosa	Filamentosa	Corta	Gránulos hinchados, rigidez y retrogradación
Espesamiento	Alto	Muy alto	Moderado	Tamaño de gránulos hinchado y atracción.
Resistencia al cizallamiento	Pobre	Pobre	Moderado	Rigidez

Fuente: (Cevallos, J., 2007.p. 54).

Realizado por: Los autores, 2020.

1.2.6. *Factores que influyen en la formación de geles.*

- Origen de almidón: De acuerdo a los distintos tipos de granos, cuanto más larga sea la unión de los puentes de hidrogeno, el gel será más fuerte y más resistente.
- Los almidones nativos son insolubles en agua a temperatura por debajo de su punto gel.
- Cuanto mayor es la concentración de almidón mayor es la viscosidad que se consiguen
- La viscosidad disminuye con la presencia de sacarosa. La sacarosa ejerce un efecto plastificante disminuyendo la fuerza del gel. Esto se produce por que la sacarosa interfiere en las interacciones con el agua que tiene afinidad por esta la absorbe.
- La estructura del almidón queda más integra al no interaccionar con el agua por lo que deberemos aplicar más temperatura para producir la rotura de la pasta de almidón
- Las grasas ejercen también una acción plastificante debido a que forman complejos que hacen que el gel sea menos resistente, menos fuerte. (Contreras, M.et al.,2015. pp.4-5)

En la siguiente tabla se muestra ciertos factores que afectan la pasta del almidón

Tabla 4-1: Factores que afectan la viscosidad de una pasta de almidón.

Concentración %	Temperatura (°C)	Tiempo (minutos)	Revoluciones (rpm)	Rotura del gránulo	Viscosidad (cps)
3	90	30	120	No	15
5	90	30	120	No	1080
5	90	30	1800	Apreciable	317
5	100	30	160	Apreciable	754
5	100	30	1800	Apreciable	90
10	90	30	120	No	11800
10	90	30	1000	Apreciable	7920
20	100	30	1000	Completa	18500
20	100	60	1000	Completa	9480

Fuente: (Cevallos, J., 2007.p. 55).

Realizado por: Los autores, 2020.

1.2.7. *Almidón en la industria plástica.*

El desarrollo de materiales a base de polímeros orgánicos a partir de biomasa que sean biodegradables, se han enfocado en el almidón el cual es un material abundante, económicamente competitivo con el petróleo. Entre las principales fuentes de almidón para la industria podemos mencionar: la papa, el trigo, arroz, cebada, avena y soya (Ruiloba. I, et al.,2018. p.1). El almidón modificado cuenta con propiedades especiales las cuales pueden ser utilizadas para diversos fines, como los bioplásticos, ya que se los obtiene con recursos a muy bajos costos y con métodos de producción sencillos, son más económicos que algunos polímeros sintéticos (Holguín, J.,2019. p. 34).

(Villada. H, et al.,2008. p.6), menciona que la transformación del almidón granular está influenciada por las condiciones de proceso tales como la temperatura y el contenido de plastificante, en este caso el agua y el glicerol son los más comúnmente usados. Durante los diferentes procesos de termo plastificación, dada su acción como lubricante lo cual facilita la movilidad de las cadenas poliméricas. Además, retardan la retrogradación de los productos termo plastificados. Según (León, C., 2018.p.14), la aplicación del almidón como bioplástico requiere principalmente la transformación de la estructura semicristalina en una matriz homogénea amorfa, de esta forma se obtiene un material manejable que permita el moldeo de una película o recubrimiento. Las desventajas de los almidones nativos pueden superarse mediante transformaciones fisicoquímicas que permitan obtener un material más atractivo y versátil para la industria.

En la figura 1 se puede apreciar un plástico biodegradable realizado con almidón de yuca

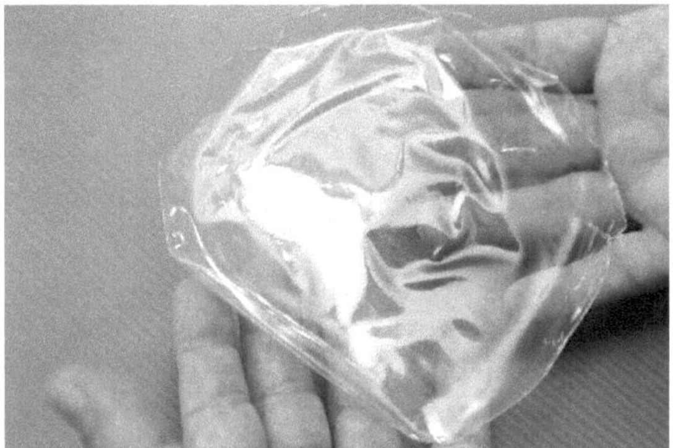

Figura 1-1: Plástico biodegradable de almidón de yuca

Fuente: (Oliveira.,2019. p.1)

1.3. Recubrimientos comestibles

Son soluciones que se adhieren a la superficie de la fruta, sus componentes sirven para mejorar la apariencia, aumentar el brillo, preservar la textura, la suavidad y el sabor. Se utiliza como medio para agregar aditivos que controlan la maduración, que alargan el tiempo de vida útil y retardan los cambios físico–químicos que se presentan en la fruta, los mismos que deben ser legales, inocuos, aceptables sensorialmente (Ruiz, D., 2015.p.45). Para (Ancos, B. et al., 2015.p. 10), estos recubrimientos son aplicados en forma líquida por inmersión o pulverización formándose la película sobre los alimentos.

Esta tecnología es amigable con el ambiente, y podría sustituir, en alguna extensión, a los empaques plásticos por otros naturales y biodegradables. Las películas y recubrimientos comestibles mejoran las propiedades de calidad, seguridad, y estabilidad de los alimentos recubiertos. Además, modifican las propiedades mecánicas puesto que forman una barrera semipermeable a gases y vapores entre el alimento recubierto y la atmósfera circundante (Valencia, S.; & Torres, J., 2016. pp.162).

1.3.1. *Componentes de los recubrimientos comestibles*

Las PC y RC pueden ser elaborados a partir de una gran variedad de polisacáridos, proteínas y lípidos, solos o en combinaciones que logren aprovechar las ventajas de cada grupo, dichas formulaciones pueden incluir, conjuntamente plastificantes y emulsificantes que se utilizan de diversa naturaleza química con la finalidad de ayudar a mejorar las propiedades funcionales de la película o recubrimiento. Las mismas presentan bondades como comestibilidad, dureza, transparencia, buenas propiedades de barreras contra el oxígeno y vapor de agua. (Fernández, D., 2015. p. 54).

1.3.1.1. Lípidos.

Los lípidos disminuyen la transmisión del vapor de agua impidiendo la deshidratación temprana de los frutos, forman una solución transparente que no opaca el color característico del producto. Las propiedades de barrera mecánica son muy pobres por lo que es necesario mezclar con otras sustancias (Ruiz, D., 2015.p.47).

1.3.1.2. Proteínas

Son buenos materiales para la formación de recubrimientos ya que muestran excelentes propiedades mecánicas y estructurales, pero presentan una pobre capacidad de barrera frente a la humedad, lo que implica una disminución de tasa de respiración en frutas y hortalizas, situación que no ocurre con los lípidos debido a sus propiedades hidrofóbicas, especialmente en los que poseen puntos de fusión altos, sin embargo, presentan deficientes propiedades mecánicas que deben contrarrestarse con el uso de aditivos (Fernández, M. et al., 2017.p.136).

1.3.1.3. Polisacáridos

Los polisacáridos son polímeros que contienen grupos hidroxilos de carácter hidrofílico, por esta razón poseen alta adherencia a los productos alimenticios. Los RC preparados con estos componentes forman recubrimientos con una buena barrera frente al intercambio gaseoso, pero reducida protección a la pérdida de humedad. Los componentes ampliamente investigados para la formación de RC y PC son almidón y sus derivados, quitosano, alginatos, carragenina, celulosa y sus derivados, pectinas, y varias gomas. (Valencia, S.; & Torres, J., 2016. pp.163-164)

1.3.2. *Función de los Recubrimientos comestibles*

Según (Solórzano, V., 2015.p. 30), uno de los objetivos por los que se han creado recubrimientos comestibles, es el actuar en conjunto con los empaques sintéticos, con la finalidad de mejorar la calidad sensorial y alargar la vida útil de los alimentos. Alguna de las funciones que realizan los recubrimientos comestibles, es la disminución de la pérdida de humedad, componentes volátiles e intercambio de gases. (Solano, L. et al., 2018.p.32), menciona que el uso de películas y recubrimientos comestibles en alimentos, evitan la pérdida o ganancia de humedad que provoca una modificación en su textura y turgencia, retardan los cambios químicos como el color, aroma y valor nutricional, ya que actúan como barrera contra el intercambio de gases que influye en la estabilidad química y microbiológica, además de evitar el daño mecánico por manipulación, además reduce significativamente la pérdida de peso, agua y el intercambio de gases, así como retrasar el envejecimiento y mejorar la calidad sensorial de éstos

Los recubrimientos actúan como barreras a la pérdida de agua y al intercambio de gases, en el control de transferencia de humedad, oxígeno, lípidos y componentes del sabor (Figura 2), con efecto similar al promovido por el almacenamiento en condiciones controladas o en atmósferas modificadas. (Santiago, M.,2015. p.5)

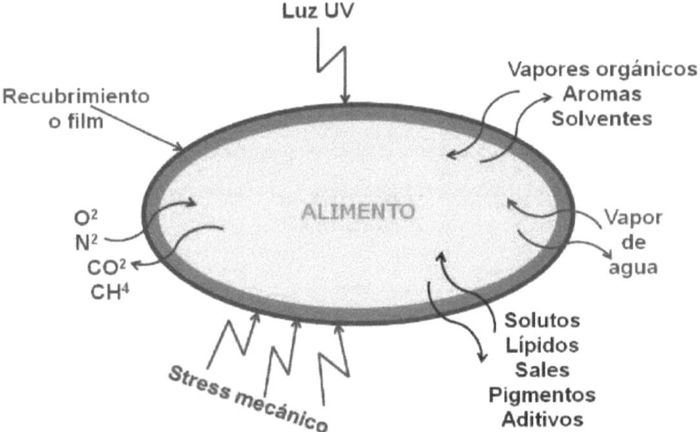

Figura 2-1: Transferencias controladas por películas biodegradebles

Fuente: (Santiago, M.,2015. p.6)

1.3.3. *Aditivos empleados en recubrimientos comestibles.*

(Falconi, J., 2016. p.45), manifiesta que un aditivo son varios componentes que pueden ser agregados a los recubrimientos para mejorar sus propiedades fisicoquímicas, mecánicas de protección, sensoriales y nutricionales para de esta manera optimizar su utilización.

Los aditivos pueden ser:

1.3.3.1. Plastificantes

Los plastificantes son materiales de baja volatilidad que se agregan a un polímero para aumentar su flexibilidad, elasticidad y fluidez en estado fundido. Dentro de los agentes plastificantes más frecuentemente utilizados se encuentran: el glicerol y el sorbitol, que ayudan a mejorar las propiedades mecánicas, así como la permeabilidad al vapor de agua, propiedades térmicas y algunas veces el color. El uso de altas concentraciones de ambos plastificantes incrementa el porcentaje de elongación (Solano, L. et al., 2018. p. 38).

1.3.3.2. Emulsificantes

Previenen la fractura del recubrimiento sobre el alimento, reducen la actividad del agua y la velocidad de pérdida de humedad en el producto. Los emulsificantes deben ser emulsionantes de grado alimentario, que por lo general son ésteres de ácidos grasos comestibles derivados de los vegetales o animales y fuentes de los polialcoholes como el glicerol, propilenglicol, sorbitol y sacarosa. El primer requisito de un alimento emulgente es que no sea tóxico, no carcinógeno y no alergénico. (Falconi, J., 2016. pp. 45-46)

1.3.3.3. Agentes antimicrobianos.

 Son sustancias que están formados por elementos activos que tienen por objetivo prevenir, destruir, impedir la acción de algún microorganismo prejudicial, el resultado de su función antimicrobiana en el recubrimiento dependerá del grado de la concentración. Dentro de este grupo se encuentra el ácido cítrico, ácido ascórbico, ácido benzoico (Falconi, F., 2016. p. 48).

1.3.3.4. Compuestos Bioactivos.

Los compuestos bioactivos son sustancias naturales que tienen como objetivo conservar las propiedades naturales y nutritivas de los alimentos y enriquecerlos naturalmente. Dentro de este grupo se encuentran los aceites esenciales que poseen propiedades antioxidantes, antimicrobiana, cuyo empleo se ha notado que es utilizado en investigaciones para mejorar el manejo pos cosecha (Falconi, J. 2016. p. 48).

1.3.4. *Parámetros de calidad de películas y recubrimientos comestibles.*

1.3.4.1. Permeabilidad a vapor de agua

La permeabilidad al vapor de agua (PVA) es unos de los factores más importantes en la caracterización de PC, ya que de esta depende en gran medida conservar las propiedades de los alimentos, la transferencia de vapor de agua, depende generalmente de la porción hidrofóbica de los componentes de la película o recubrimiento comestible, ya que a través del movimiento del vapor de agua en los polímeros, se controla la transferencia de humedad desde el producto al medio ambiente, por lo que se busca que sea lo más lento posible (Solano, L. et al., 2018.p. 32).

La transferencia de agua a través de la película (PVA) se   produce en   tres etapas: primero, el vapor de agua se condensa y se deposita en el lado de alta concentración de agua de la superficie de la película; segundo, las moléculas de agua se mueven a través de la película, impulsado por un gradiente de concentración o actividad; y tercero, el agua se evapora desde el otro lado de la película (García, M.et al.,2018. p.39).

1.3.4.2. Propiedades mecánicas

Las propiedades mecánicas de los films y recubrimientos dependen principalmente   del polímero empleado para su formación, y de la adición de agentes estructurantes y aditivos. Uno de los aditivos más empleados son los plastificantes. El efecto de estos compuestos sobre las propiedades mecánicas de las películas produce una reducción de la rigidez, lo que se traduce a menor tensión máxima de rotura y mayor elongación relativa (García, A., 2017. p.18). Las propiedades mecánicas usualmente evaluadas para caracterizar las PC son la resistencia a la tensión, que es la fuerza requerida para romper la película por estiramiento; elongación que implica el grado al cual la película puede estirarse antes de romperse; para esto se utiliza el módulo de Young que mide la rigidez y la compresibilidad de un material estructural (García, M. et al., 2018.p.39).

1.3.4.3. Propiedades superficiales

Las propiedades superficiales de films y recubrimientos hacen referencia principalmente a la capacidad de cohesión y de adhesión a la superficie de los productos alimentarios. Estas dos propiedades dependen de la capacidad del polímero para formar enlaces intermoleculares numerosos y de gran resistencia, de modo que las cadenas de polímero queden fuertemente unidas. Para la mejora de estas propiedades se emplean plastificantes, que reducen el nivel de cohesión, y surfactantes, que mejoran la capacidad de adhesión a la superficie del alimento (García, A., 2017.p.15).

1.3.4.4. Propiedades ópticas

El color y la transparencia de los films y recubrimientos comestibles es de gran importancia, ya que la decisión de compra de un consumidor se ve afectada fuertemente por la apariencia externa del alimento. Además, el color y aspecto del producto influye directamente en la aceptación o rechazo del mismo a la hora de ingerirlo, e incluso puede afectar a la percepción sensorial del producto. Por lo tanto, es importante la adición de compuestos activos en los recubrimientos para que estos ayuden a que no se vea afectada en gran medida al color y aspecto del fruto (García, A., 2017.p.15).

1.4. Uso del almidón para formular RC

Cada vez más el almidón es tomado en cuenta como una de las fuentes renovables con capacidad de formación de películas debido a que brindan muchas ventajas: fácil disponibilidad, alto rendimiento de extracción, biodegradabilidad y la incompatibilidad, lo que lo convierte en un producto prometedor para recubrimientos y películas comestibles (Shah, U. et al., 2015.p. 1). Los gránulos de almidón contienen dos tipos de moléculas poliméricas: la amilosa y amilopectina. La primera presenta excelentes propiedades para formar películas fuertes, isotrópicas, inodoras, insípidas y sin color (Solano, L. & et al., 2018.p. 33). Los recubrimientos a base de almidón no presentan un sabor, olor ni color característico, por lo que al ser usados sobre una matriz alimenticia no alterarían el perfil sensorial (León, C., 2015.p.14).

Sin embargo, aunque el almidón es una material barato y abundante, presenta un carácter hidrófilico lo cual lo vuelve altamente sensibles al agua y exhiben propiedades limitadas de barrera al vapor de agua, además el desarrollo mecánico del recubrimiento se ve afectado por la retrogradación, ya que las dobles hélices de la amilosa y amilopectina se entrecruzan endureciendo la película (Zapador, M.; & Chiral, A., 2018. P. 2)

No obstante, si los gránulos se transforman en una matriz amorfa homogénea, la viabilidad de su uso se incrementa. Esto se hace mediante la gelatinización de los gránulos de almidón y la presencia de un plastificante. Una mayor presencia de moléculas de amilosa aumenta la opacidad y el grosor de las películas, mientras que una menor presencia genera filmes traslucidos y más delgados (Basiak, E. et al., 2017. p.1). Según (Castillo, C., 2015. p. 27). Los gránulos de almidón de yuca contienen un pequeño porcentaje de lípidos, comparado con los almidones de cereales (maíz y arroz). Lo que favorece al almidón de yuca, ya que estos lípidos forman un complejo con la amilosa, lo cual tiende a reprimir el hinchamiento y la solubilización de los gránulos del almidón.

1.4.1. *Almidón más usado en recubrimiento comestibles.*

Dentro de los hidrocoloides que se utilizan para la formulación de las películas están: los polisacáridos, siendo el almidón de yuca modificado el más utilizado, además se encuentran alginatos, pectinas, quitosano y derivados de la celulosa, así mismo a este grupo pertenecen las proteínas como la caseína, colágeno y algunas proteínas del suero lácteo. (Solórzano, V.,2015. p.12)

(Amaiz, S. et al., 2018. p. 140) menciona que el almidón de yuca es el más utilizado para elaborar recubrimientos y películas comestibles por su alto rendimiento y su fácil adhesividad al alimento, además de aportar un brillo atractivo al recubrimiento. Junto con ellos, es habitual e indispensable la adición de un plastificante como glicerina para mejorar la flexibilidad del recubrimiento comestible. (Pilataxi J., 2017. p. 9), indica que el almidón de yuca posee una viscosidad inusual, lo cual le permite formar geles suaves, sin olor, transparentes y relativamente estables a la retrogradación, esta cualidad lo hace interesante a nivel industrial. Por lo que es muy utilizado por las industrias de papel, textiles y de alimentos. En su estado nativo, los gránulos de almidón tienen la propiedad de aumentan de tamaño, e hincharse muy rápidamente a bajas temperaturas (Castro, M. et al., 2017.p. 43). El almidón de yuca crea una atmosfera modificada en el interior de la fruta, reduciendo la velocidad de transpiración y retrasando el proceso de senescencia, además crea una barrera que limita la entrada y salida de gases como O_2 y CO_2, lo que retrasa el deterioro de la fruta por la deshidratación, ayudando a mantener la integridad estructural del alimento y retener compuestos volátiles (Simbaña, K.,2019. p. 4). Al crear una barrera se disminuye la presencia de sustancias volátiles como el etileno, al secarse es capaz de formar películas con características de resistencia y transparencia semejantes a las de la celulosa, lo que las convierte en una opción para la conservación de frutas y verduras, además, de ser necesario se elimina fácilmente y debido a su no toxicidad puede ser ingerido sin afectar el sabor, aroma o apariencia de los alimentos (Trujillo.C.,2014. p.20).

El almidón de yuca es la segunda fuente de almidón en el mundo después del maíz, pero por delante de la papa y el trigo; se usa principalmente sin modificar, pero también es modificado con diferentes tratamientos para mejorar sus propiedades de consistencia, viscosidad, estabilidad a cambios de pH, y temperatura, gelificación, dispersión y de esta manera poder usarlo en diferentes aplicaciones industriales que requieran ciertas propiedades particulares. El rendimiento de la extracción estimado del almidón de yuca es de aproximadamente 57%, lo que indica que es efectivo. (Zapata, D., 2019.p.16).

1.4.2. *Ventajas y desventajas de recubrimientos comestibles a base de almidón*

Los polisacáridos son los hidrocoloides más utilizados en la industria alimenticia, ya que forman parte de la mayoría de las formulaciones que actualmente existen en el mercado, forman redes moleculares cohesionadas por una alta interacción entre sus moléculas, esta les confiere buenas propiedades mecánicas y de barrera a gases (O_2 y CO_2), por lo cual retardan respiración y envejecimiento de muchas frutas y hortalizas. (Fernández, D., 2015. p. 54). Los almidones ofrecen una base de bajo costo muy atractiva para los nuevos polímeros biodegradables debido a su bajo costo de material y su capacidad para ser procesados con equipos convencionales de procesamiento de plástico. Productos comercializados a base de almidón, que no solo son completamente biodegradables, sino que también se pueden utilizar para alimentar animales o incluso comestibles, son cada vez tomados en cuenta como posibles alternativas para solucionar problemas como la escasez de petróleo y el creciente interés en aliviar la carga ambiental debido al uso extensivo de polímeros derivados de la petroquímica. (Tianyu J., et al.2019. p.8)

Entre las fuentes renovables con capacidad de formación de película, el almidón satisface todos los aspectos principales, como la fácil disponibilidad, el alto rendimiento de extracción, la biodegradabilidad y la biocompatibilidad, lo que lo convierte en un producto prometedor para recubrimientos / películas comestibles estos presentan características inodoros, insípidas, incoloras, no tóxicas, biológicamente absorbibles, semipermeables al dióxido de carbono, humedad, oxígeno, lípidos y componentes de sabor. Las propiedades de la película de almidón son similares al efecto que promueve el almacenamiento en atmósfera controlada o modificada y puede atribuirse a su composición química. Los gránulos de almidón están compuestos por una mezcla de dos polímeros: amilosa y amilopectina. (Shah, U. et al., 2015. pp.1-2)

Si bien el almidón parece ser un reemplazo ideal para los plásticos a base de petróleo, principalmente debido a su abundancia, renovabilidad, biodegradabilidad y bajo costo, existen varias desventajas que hacen que su aplicación sea inviable. El mal comportamiento mecánico y la alta permeabilidad al vapor de agua (WVP) son los principales inconvenientes de los materiales a base de almidón, y son consecuencia o estructura del almidón.

Por otro lado, debido a su estructura molecular, tiene una temperatura de transición vítrea (Tg) relativamente alta, y luego un comportamiento quebradizo a temperatura ambiente. Esta fragilidad aumenta con el tiempo debido a la retrogradación. Además, los plastizadores como el glicerol han demostrado influir en la cinética de cristalización del almidón y, por lo tanto, en las propiedades mecánicas finales del TPS. Sin embargo, hasta ahora este polímero biodegradable no puede usarse para aplicaciones amplias debido a algunas limitaciones. En comparación con los termoplásticos comunes, los productos biodegradables a base de almidón desafortunadamente revelan desventajas que se atribuyen principalmente al carácter altamente hidrofílico del almidón. (Ribba L., et al.2017. pp.37-38).

1.4.3. *Forma de preparación de recubrimientos a base de almidón.*

Recubrimientos elaborados a partir de almidón de yuca, han sido aplicados en frutos como: tomate chonto (Astudillo, J.; & Botina, K., 2017. p. 31) mango (Estrada, E. et al., 2015.p.182), manzana (Pauta, D., 2018. pp. 6-7), pera (Castro et al, 2017.p.44) guayaba. (Amaiz, S. et al., 2018. p. 141) y elaborados de la siguiente manera: se hace la dilución del almidón en agua destilada, mezcla que se lleva a 82°C-95°C bajo agitación constante hasta alcanzar la gelificación o coagulación térmica (mecanismo de elaboración de la matriz hidrocoloide del recubrimiento), después del periodo de enfriamiento se adicionan los aditivos como el glicerol y los aceites, se homogeneiza continuamente la agitación por 5 minutos más, tiempo en el cual se consigue una mezcla homogénea y estable. Esta metodología puede variar si se utilizan otros almidones, por ejemplo, el almidón de papa china aplicado en fresas (Oñate, L., 2018.p.14) lo realizó de la siguiente forma: se hace la dilución del almidón y se lleva la mezcla 90°C por 5 minutos a 200 rpm, luego se disminuye la temperatura a 70°C para agregar aditivos como el sorbitol y se homogeneiza durante 5 min más. El proceso va a depender de la metodología elegida por el investigador.

Además, (Fernández, M. et al., 2017.p.138) en su trabajo de investigación con el tema estado actual del uso de recubrimientos comestibles en frutas y hortalizas menciona que: se encuentran recubrimientos con mezclas de varios componentes como es el caso de almidón de maíz con quitosano y aceite esencial de girasol para recubrimientos en cítricos en la cual la preparación de las soluciones formadoras de películas se realiza por etapas donde primero se hace una solución de almidón con glicerol, luego una solución de quitosano con ácido acético, después una solución mezcla a partir de las formulaciones anteriores de almidón gelatinizado con agregado de glicerol y quito-sano a 12.500 rpm durante 3 minutos, y por último una solución mezcla con incorporación de una fase lipídica mediante la adición de aceite de girasol y Tween 80, la dispersión se realizó a 12.500 rpm.

1.4.4. *Métodos de aplicación de los recubrimientos:*

Las formas de aplicar los recubrimientos han estado en continua evolución por lo que existen distintos métodos, según (Valencia, S.; & Torres, J., 2016.p. 165) hay ciertos aspectos que se deben tener en cuenta antes de ser aplicados: "distribuirse de forma equitativa, secarse rápido y ser de fácil remoción y limpieza de los equipos empleados para su formulación, no deben fermentarse, coagular, generar olores indeseables o separarse en fases".

(Ruiz, D., 2015.p.45), señala que los recubrimientos comestibles se pueden aplicar de formas como: inmersión y aspersión.

Y menciona que el método de aspersión, "se realiza en alimentos de superficie lisa, los cuales deben ser lavados y secados con anticipación. Este método se fundamenta en aplicar la solución presurizada, lo que permite obtener recubrimientos más finos y uniformes".

Mientras que (Fernández, M. et al., 2017.p. 138) afirma que: "uno de los métodos más utilizados es el de inmersión debido a que da como resultado un recubrimiento uniforme en alimentos de forma irregular, para esto la fruta deberá ser lavada y secada previamente, luego sumergida en la formulación del recubrimiento, se dejará drenar el material sobrante y se procederá a secar".

1.4.5. *Procedimiento de aplicación de los recubrimientos a base de almidón en frutas.*

La aplicación de un recubrimiento comestible en mango a base de almidón de yuca (Estrada, E.et al., 2015.p.182) se realizó por método de inmersión, sumergiendo las frutas en la solución obtenida por un periodo de 2 minutos, después de la aplicación se dejaron secar durante 120 minutos, bajo condiciones ambientales de laboratorio. Para la fresa (Oñate, L., 2018.p.14), utilizando recubrimiento de almidón de papa china, realizó la inmersión de la fresa en el recubrimiento durante 5 o10 min. Luego, la fresa se colocó en un secador durante 45 min. De igual manera (Pinzón, O.; & García, M., 2018.p.3), utilizando almidón de banano en fresa aplicaron el método de inmersión, durante 3 min, para luego ser secados en una estufa de convección de aire caliente durante 20–30 min. (Amaiz, S. et al., 2018. p. 141), utilizando almidón de yuca en guayaba sometió los frutos a inmersión en sus respectivos recubrimientos comestibles, durante 5 min en las formulaciones.

Se puede constatar entonces mediante la revisión bibliográfica que los recubrimientos de almidón, fueron aplicados en su mayoría por el método de inmersión.

1.4.6. *Efecto positivo del uso de aditivos en RC de almidón*

El almidón presenta numerosos beneficios para ser usados como base para recubrimientos, sin embargo, (Pauta, D., 2018. pp. 4) menciona que este polisacárido muestra algunas limitaciones como recubrimiento en alimentos por lo que la mejora de sus características es un factor importante. Para mejorar las propiedades mecánicas del almidón es común someterlo a modificaciones, tanto físicas como químicas, entre las mejoras que se debe considerar, es la de utilizar aditivos específicos en las cantidades apropiadas, con el objetivo de mejorar sus propiedades. Por ejemplo, si al biopolímero obtenido del almidón, se le agrega quitosano, aumentaría su propiedad mecánica y de barrera, así como evitaría la generación de hongos y bacterias en la superficie del material, debido a las propiedades antifúngicas y antimicrobianas, prolongando de esta forma el tiempo de vida de los alimentos. (Alarcón, H.; & Arroyo, E., 2016.pp. 316-317). A continuación, se menciona brevemente algunas investigaciones que usaron aditivos y su efecto.

(Basiak, E. et al., 2016. p.1) realizo un estudio en el cual adiciono aceite de colza en películas biodegradables a base de almidón, y obtuvo como resultado películas compuestas más opalescentes y brillantes que las películas de almidón sin grasa. Además, la adición del aceite redujo significativamente el vapor de agua y la permeabilidad. (Basiak, E. et al., 2018. p.1) indicaron que el contenido de agua y glicerol influyen significativamente sobre las propiedades físicas y funcionales de los recubrimiento y películas a base de almidón. Además, concluyeron que el contenido de glicerol puede afectar fuertemente las propiedades funcionales de los recubrimientos, sin embargo, no juega un papel significativo en el color o las propiedades mecánicas. Así (Song, X. et al., 2018.p.1) Evaluaron el efecto del aceite esencial y el tensioactivo sobre las propiedades físicas y antimicrobianas de las películas de almidón de maíz y trigo, los autores reportaron que la incorporación de aceite esencial de limón provocó una disminución en el contenido de agua, transparencia, índice de blancura (WI), permeabilidad al vapor de agua (WVP), solubilidad y propiedades de resistencia a la tracción. Las películas con LO, especialmente a concentraciones más altas, fueron más eficaces contra todas las bacterias probadas que las películas de control.

1.4.7. *Estudios recientes que destacan las bondades del uso del almidón en RC*

(Pinzón, O.; & García, M., 2018.p.5), evaluaron un recubrimiento comestible de 4 % de almidón de plátano guayabo en la calidad de fresas almacenados en condiciones de refrigeración, presentando características fisicoquímicas (textura y pérdida de peso) favorables y extendiendo la vida útil del fruto por 5 días más con relación a la muestra control. Por su parte (Astudillo, J.; & Botina, K., 2017. p. 60), realizaron un recubrimiento comestible de almidón de maíz y de yuca (3% y 4%) y evaluaron su efecto en la maduración de tomate chonto, el mejor resultado fue el recubrimiento a base de almidón de yuca al 4% este presento una vida útil superior de 15 días frente al tratamiento testigo, mejorando las propiedades físicas de la hortaliza, un retardo en la pérdida de peso, pérdida de firmeza, tuvieron menos actividad respiratoria por su bajo consumo de O_2y baja liberación de CO_2.

(Rocha, A. et al., 2017.p. 5), estudiaron la capacidad de 2 recubrimientos a base de almidón de yuca y pectina para extender la vida de anaquel de guayabas "Paluma". Las frutas recubiertas con pectina mostraron menos pérdida de peso en comparación con las cubiertas con almidón de yuca. Sin embargo, el recubrimiento de almidón de yuca mantuvo las frutas más brillantes en comparación con las frutas recubiertas con pectina. En un producto refrigerado de calabaza enriquecido con ácido ascórbico, listo para consumir, se aplicaron recubrimientos comestibles para mejorar su estabilidad (Genevois, C., et al. 2015. p.1). Los recubrimientos comestibles utilizados se prepararon con k-carragenina o almidón de tapioca, con la adición de glicerol, sorbato de potasio y hierro. Los resultados de estos estudios mostraron que los recubrimientos en base de almidón redujeron significativamente la degradación del ácido ascórbico en el producto recubierto, mientras que la muestra control que contenía hierro y ácido ascórbico, presentó pardeamiento. Los autores reportaron que el producto obtenido presentó buenas características de color y textura, y seguras desde el punto de vista microbiológico.

CAPITULO II

2. METODOLOGIA

2.1. Métodos para sistematización de la información

El presente estudio es de tipo teórico descriptivo. La ruta metodológica que se ha seguido comprendió básicamente cuatro momentos: búsqueda, organización, sistematización y análisis de documentos electrónicos, sin restricción de idioma, relacionados con el tema recubrimientos comestibles a base de almidón, de donde un 90% de la información pertenece a los últimos 5 años y el 10% corresponde a los años anteriores.

Con el propósito de cumplir con los objetivos propuestos, la investigación se centró en una selectiva revisión bibliográfica, y un profundo análisis crítico de los datos obtenidos relacionados con los parámetros del estudio. Para la localización de los documentos se utilizaron varias fuentes documentales mediante internet con la ayuda del buscador "google académico" utilizando las bases de datos de revistas como: Revista Ciencias Técnicas Agropecuarias, Innovative Food Science and Emerging, Cogent Food & Agriculture, Scielo, Dianelt, International Journal of Biological Macromolecules, Revista Iberoamericana de Tecnología Postcosecha, entre otras. Gran parte la información cualitativa y cuantitativa que compone la siguiente investigación proviene de libros, revistas, reportes técnicos, normas, tesis, todos documentos electrónicos, y se completó la búsqueda con la lectura y rastreo de bibliografía referenciada en los documentos seleccionados, con el fin de proporcionar una buena base y una visión global del tema, los cuales fueron priorizados según la jerarquía de evidencia científica.

Como criterios de búsqueda, se incluyen los siguientes descriptores: "Almidón", "recubrimientos comestibles", "edible coatings", "starch" "efecto de los recubrimientos". Estas palabras claves fueron combinados de diversas formas al momento de la exploración, con el objetivo de ampliar los criterios de búsqueda. Los registros obtenidos oscilaron entre 30 y 40 registros tras la combinación de las diferentes palabras clave.

La información con la que se trabajó, proviene de diversas fuentes, tanto primarias como secundarias. Al realizar la búsqueda de los documentos, en cada una de las bases de datos, se preseleccionarán varios artículos y documentos de los cuales se escogió aquellos documentos que se encentraron más a fin de acuerdo con los criterios de inclusión y exclusión. Cabe mencionar que no se tomaran en consideración para el análisis aquellos documentos que no cumplen con la información adecuada.

2.1.1. *Criterios de selección.*

Para el análisis de los documentos se establecieron algunos criterios de selección, las cuales fueron de utilidad para la recolección de información que se utilizó durante el proceso de la investigación, por lo que se planteó los siguientes parámetros:

- Información con un nivel de validez alto, es decir que se encuentren en formatos reconocidos y mejor valorados "académicamente" como: libros, revistas, actas de congresos, reportes técnicos, normas, tesis e Internet.
- Contenido actualizado de los últimos 5 años.
- Análisis del título, resumen y los resultados.
  Con el propósito de saber si la información que generan es útil y relevante y son aplicables a nuestro tema de estudio.
- Accesibilidad a la información.
- Información de calidad, es decir que brinde una buena comprensión del texto.
- Documentos que tengan relación a los objetivos planteados, que generen utilidad, disponibilidad e interés informativo
- Material, que apoye el contenido de las distintas partes de la investigación.

En el presente documento para sistematizar la información se hará uso de tablas, inmagenes y cuadros.

3. RESULTADOS DE INVESTIGACIONES Y DISCUSIÓN.

3.1. Uso Del Almidón En Recubrimientos

El potencial uso del almidón como material de recubrimiento comestible ha sido ampliamente reconocido por su buena resistencia mecánica, baja permeabilidad al agua y porque actúa como barrera contra los gases, generando películas isotrópicas, innodoros, insípidos, incoloros, no tóxicos y biológicamente degradables, también mejorando el brillo y la opacidad, disminuyendo el retroceso y aumentando la estabilidad del ciclo de congelación / descongelación (Solís, D. et al.,2015. p. 36).

(Sánchez, I., et al.2016. p. 1) menciona que el resultado obtenido de los distintos recubrimientos de almidón no solo va a depender del tipo de fruta o verdura, a la que se le aplica, sino también de la composición de revestimiento.

En la siguiente tabla, se puede observar una descripción del contenido de amilosa en los almidones comúnmente utilizados para la elaboración de recubrimientos y películas comestibles.

Tabla 5-3: Contenido de amilosa en los almidones más comunes.

Variables	Alvis. et al., (2008).	FAO (1997)	Ibarra et alt. (2010) (Valor promedio)	Cevallos, J., (2007) (Valor promedio)	Hernández, M, et al.,(2008)	Promedio
Yuca	14 %	-	28 %	17 %	17%	19%
Papa	24 %	23 %	23 %	21 %	21%	22.4%
Trigo	-	26 %	74 %	23 %	-	41%
Maíz	-	28 %	28 %	30 %	28,3%	28.57%

Realizado por: Los autores, 2020.

Como se puede observar en la tabla 5 el contenido de amilosa en almidón de yuca, muestra un contenido inferior respecto a los demás; en algunas investigaciones se reportó que el contenido de amilosa, para almidones nativos de yuca, variaron entre 14 a 19 %. Por lo que las diferencias encontradas de contenido de amilosa, depende en gran medida de la fuente de obtención de donde provienen los almidones.

El contenido de amilosa y la longitud y la ubicación de las ramas en la amilopectina son los principales factores determinantes de las propiedades funcionales del almidón, como la absorción de agua, la gelatinización y el pegado, la retrogradación y la susceptibilidad al ataque enzimático (Ribba, L. et al., 2017. p.38). El origen del almidón influye en las propiedades ópticas y el espesor: con más amilosa, las películas son opalescentes y más gruesas; con menos, son transparentes y más delgados.

A continuación, se muestra la influencia del contenido de amilopectina en los recubrimientos comestibles, a base de los almidones representados en la tabla y su efecto en la papaya; (Achipiz, S., et al.2013. p. 98), evaluó un recubrimiento con 4% de almidón de papa en guayaba, en donde evidencio la aceleración en la maduración y la pérdida en la calidad, de la muestra testigo, observando que el fruto con recubrimiento, fue el más eficiente incrementando en 10 días la vida y evitando la pérdida de peso; (Baldez, R.2016.p.59), utilizando almidón de maíz (3%), presentó una pérdida de calidad en los frutos sin recubrimiento a partir del tercer día mientras que las frutas con recubrimiento a base de maíz se mantuvo durante los 15 días respecto al tratamiento sin recubrir. (Amaiz, S. et al., 2018. p. 137) reporto una textura óptima durante los 24 días de almacenamiento en los frutos recubiertos con almidón de yuca al (7%) mientras que en los frutos sin recubrir la textura fue óptima hasta el día 12, este parámetro es importante debido a que presenta la pérdida de turgencia por efecto de la senescencia del fruto.

Según los resultados, reportados, el recubrimiento de maíz exhibió una mejor capacidad de barrera, y prolongo por más tiempo la vida útil de la papaya, a su vez fue el que presento una mayor cantidad de amilosa después del trigo. Esto se justifica de acuerdo a lo mencionado por (Zapador, A.; & Chiralt, A., 2018.p. 7) quien, en su investigación, manifiesta que la relación amilosa-amilopectina afecta la funcionalidad en los recubrimientos de almidón, debido a la estructura diferente de las películas, los almidones altos en amilosa, exhiben dominios mejor empaquetados, conservan mejor las pérdidas de peso y la firmeza durante períodos más largos que los recubrimientos de amilosa media almidón.

Es preciso señalar que cada tipo de recubrimiento posee sus propiedades definidas de acuerdo a la composición, es por ello que según varios estudios después de comprobar la efectividad, que generan, consideran a los almidones como excelentes fuentes para realizar recubrimientos, destacando el almidón de yuca.

(Andrade, J. et al.2014. p. 2), señala que el almidón de yuca ha tenido gran acogida debido a que presenta buen aspecto, no es pegajoso, es un recurso de alta disponibilidad en diversas partes del mundo, es brillante y transparente, mejora el aspecto visual de la fruta y puede ser removido con agua, lo que representa una alternativa potencial para ser utilizado en la conservación de frutas y hortalizas.

3.2. Bondades de los recubrimientos a base de almidón

Entre las bondades que proporcionan los recubrimientos comestibles damos a conocer las más importantes y estudiadas en los RC a base de almidón.

3.2.1. *Disminución de pérdida de peso*

El uso de recubrimientos comestibles (RC) se ha convertido en un método eficaz y respetuoso con el medio ambiente alternativa para extender su vida útil y protegerlos de los efectos ambientales nocivos, creando barreras semipermeables a los gases y al vapor de agua, reduciendo la respiración y pérdida de peso y manteniendo la firmeza del producto fresco al tiempo que proporciona brillo al recubierto. Mejorando la estabilidad, calidad y seguridad de los alimentos, promoviendo así la funcionalidad de los recubrimientos rendimiento más allá de sus propiedades de barrera. (Zapador, A.; & Chiralt, A., 2018.p.2)

Tabla 6-3: Influencia de RC de almidón en la pérdida de peso de las frutas.

Matriz	Aditivos	Fruta	Pérdida de peso (%)		Diferencia de pérdida de peso	Referencia
			Fruto SR	Fruto CR		
Almidón de yuca (4%)	Ácido cítrico Glicerina Aceite esencial de canela	Tomate 22 días	14.81%	8%	6.81	Barco, P et al. (2011)
Almidón de banano 4%	Glicerol Quitosano	Frutilla 8 días	24%	17%	7%	Pinzón, O.; & García M., (2018)
Papa china (2%)	Sorbitol Sorbato de potasio Ácido cítrico	Frutilla 16 días	18,46%	12,67%	5.79%	Oñate, L (2018).
Almidón modificado de yuca	Plastificantes sorbitol	Frutilla 8 días	53.44%	32.96%	20.48%	Franco, M., et al. (2016)
Yuca 4%	Cera de abejas glicerina y Carboximetilcelulosa	Chontaduro 8 días	22%	11%	11%	Tosne, L. (2014)

Realizado por: Los autores, 2020.

En la Tabla 5 se muestra la pérdida de peso de distintos frutos, presentando mayor pérdida las muestras control, a diferencia de las frutas tratadas que conservan su peso por más días.

De todos los frutos tratados, se distingue que el recubrimiento que mejor actuó como barrea impidiendo la pérdida de peso fue el almidón de yuca modificado aplicado en frutillas con una diferencia de pérdida de peso de 20.48% de la fruta con recubrimientos en relación a la muestra control, esto se debe a que para la preparación de este recubrimiento se aplicó almidón modificado, que mejoró considerablemente las características físicas del recubrimiento, evitando la pérdida de humedad. Es así que otros investigadores recalcan la importancia de utilizar este tipo de almidón en los recubrimientos (García, M.et al.,2018. p.35), menciona que el almidón modificado se ha usado para estabilizar las propiedades funcionales, mostrando una superficie homogénea y una disminución en la permeabilidad al vapor de agua, comparado con el control.

(García,A.et al, 2017.p.6), indica que la pérdida de peso en el fruto se debe al posible intercambio de gases durante el proceso de respiración y transpiración que disminuyen el contenido de agua que, de manera general en frutas. Es así que (Rocha, A. et al., 2017.p. 3), menciona que las frutas recubiertas con películas a base de polisacáridos tienden a retardar la pérdida de masa porque el gel aplicado sobre la fruta pierde humedad antes de que se seque el alimento recubierto
Lo anterior está de acuerdo con lo reportado por otros investigadores, quienes encontraron que la aplicación de recubrimientos comestibles en frutos y vegetales inhiben la pérdida de peso, evitando cambios de textura y su encogimiento de la superficie evitando de esta manera que afecte negativamente la vida útil de frutas y verduras climatéricas. Lo que comprueba la eficiencia de los recubrimientos y evidencia el potencial uso del almidón en la elaboración de recubrimientos comestibles.

3.2.2. *Prolongación del tiempo de vida útil.*

Según (León, E. 2015.p.27), la vida útil es el tiempo durante el cual el alimento conserva todas sus cualidades. El final de la vida de un alimento no sólo depende de que mantenga niveles mínimos de contaminación, sino también de que preserve sus cualidades físico-químicas (homogeneidad, estabilidad, estructura) y organolépticas (textura, sabor, aroma).

Tabla 7-3: Recubrimientos de almidón y su influencia en la vida útil de frutas.

Matriz	Aditivos	Fruta	Tiempo de vida útil (días)		Incremento de vida útil (días)	Referencia
			Fruto SR	Fruto CR		
Almidón de yuca 5%	Glicerol Agentes antipardeamiento Ácido ascórbico Otros	Plátano hartón	20	32	12	Márquez, C., et al (2015)
Yuca 4%	Cera de abejas Glicerina otros	Chontaduro	12	16	4	Tosne, L. (2014)
Yuca	Cera de laurel, aceite de Oliva, glicerol otros	Tomate de árbol	12	17	5	Andrade, J. et al. (2014)
Yuca 7%	Glicerina	Guayaba	12	24	12	Amaiz, S. et al., (2018).
Yuca 2.5%	Glicerol Quitosano ácido acético glacial	Guayaba	4	14	10	Ferreira, N., et al (2018)

Realizado por: Los autores, 2020.

Como se puede apreciar en la tabla 6 el recubrimiento comestible a base de almidón de yuca proporcionó mayor vida de anaquel a los frutos recubiertos, tal es el caso del plátano y de la guayaba, que extendieron la vida útil por 12 días más respecto a la muestra control, sus atributos como color, aroma, pérdida de peso se mantuvieron durante los 24 días.

En este parámetro influye mucho la cantidad de almidón utilizado en la preparación de los recubrimientos. En los dos frutos se aplicó una mayor concentración de este biopolimero respecto a los demás formulaciones, por lo que una mayor cantidad de almidón crea recubrimientos más gruesos que ayuda a mantener la firmeza y evita que se pierda fácilmente el contenido de humedad por ende la disminución del metabolismo energético, favoreciendo al mantenimiento de la firmeza por un período de tiempo más largo retrasando el progreso de la maduración de la fruta y manteniendo las características sensoriales por más días.

Esto se puede explicar haciendo referencia al concepto (Cusme, K.; & Gómez, A.2016.p.25), quien, en su estudio, menciona que, al incrementar la concentración de almidón, se mejora la adherencia y la flexibilidad del recubrimiento en la superficie de frutos. Sin embargo, las concentraciones de almidón del 2% ocasionaron frutos aparentemente deshidratados y opacos, además de ser recubrimientos quebradizos y fibrosos. A su vez (Ferreira, N., et al. 2018.p. 282) indica que a medida que aumentó la concentración de almidón de yuca en la suspensión, los valores presentaron una pérdida menor, debido a la reducción de la pérdida de agua de la fruta, causada por el aumento del espesor del revestimiento.

Comparado con otros recubrimientos el recubrimiento de almidón presenta mejor características, y prolonga por más días el tiempo de almacenamiento de las frutas. (Jimenes, A.2016. p.15.) estudió un recubrimiento a base de aloe vera en guayaba, reporto un incremento 8 días más, para la vida útil, respecto a la muestra. Mientras que (Amaiz, S. et al., 2018) aplico en el mismo fruto un recubrimiento con almidón de yuca al 7%, siendo este el más efectivo, en razón a que incremento la vida de anaquel 12 días más respecto a la muestra testigo.

De esta manera se puede decir que los recubrimientos de almidón son una alternativa conveniente que permite mantener los atributos físicos, químicos y sensoriales de los productos agrícolas extendiendo su vida útil, reduciendo las pérdidas post cosecha. Relacionándose con lo mencionado (Toalombo, F.2014.p. 102), donde indica que los recubrimientos reducen el contenido de oxígeno, retardando la respiración y permitiendo que ocurra una anaerobiosis e incrementando el dióxido de carbono que puede inhibir efectivamente el crecimiento microbiano y pueden extender la vida útil

3.2.3. *Conservación del color en el proceso de maduración de frutos.*

Según la literatura los recubrimientos con almidón forman una barrera la cual disminuye la tasa de respiración desacelerando los cambios metabólicos, retardando la desintegración de la clorofila y disminuyendo la concentración de carotenos que dan el color amarillo al fruto en este caso, conjuntamente se evidencia un retraso en la producción de etileno el cual acelera dichos procesos bioquímicos, que estimulan los genes que se encargan de la síntesis de ciertas enzimas, que degradan pigmentos causantes del cambio de color en los frutos (Simbaña, K.,2019.p. 34).

Una de las principales características para indicar el proceso de maduración de frutos en la fase de poscosecha es el color de la piel. La pérdida del color verde de la cáscara se debe a una ruptura en la clorofila molecular estructura, que involucra la enzima clorofilasa. (Ferreira, N., et al. 2018.p.283).

Tabla 8-3: Influencia de los RC a base de almidón en la coloración de los frutos.

Matriz	Aditivos	Fruta	Temperatura de alm.	Coloración		Referencia
				Fruto SR	Fruto CR	
Yuca 6%	-	Guayaba "Paluma"	3°C	Amarillo	Verde Oscuro	Rocha, A. et al., 2017
Yuca 2.5%	Glicerol Quitosano Ácido acético glacial	Guayaba	22 ± 2 ° C	Amarillo	Verde	Ferreira, N., et al (2018)
Yuca 4%	Glicerina Aceite esencial de tomillo	Pimiento	25 ° C	Verde rojizo	Verde	Bolaños, D.,(2014)
Almidón de banano y de Aguacate	Vinagre Glicerina Ac. Asc. Ac. Cítrico Sorbato de potasio	Papaya	7 °C	Verde Claro	Verde oscuro	Chapuel, A.; & Reyes, X,. (2019)
Yuca 15%	Glicerol	Tomate Riñón	18°C	Rojo	Pintón (rosados)	Pilataxi J., (2017)

Realizado por: Los autores, 2020.

En la tabla 6 se puede apreciar que los recubrimientos comestibles producen un efecto significativo, en el fruto evitando que la piel cambie de color, a diferencia de las frutas sin recubrir, que muestran cambios de coloración.

Varios estudios reportan efectos positivos de estos recubrimientos. (Rocha, A. et al., 2017.p. 5), observó que guayabas recubiertas con almidón de yuca en concentraciones de (4 y 6%) mantuvieron el color de la cáscara más verde que el testigo (0%) promoviendo el retraso del amarilleo de la cáscara en comparación con el control. (Ferreira, N., et al. 2018.p.283) reporto un resultado similar, de los recubrimientos de almidón de yuca, que mantuvieron verde las guayaba durante los 12 días de almacenamiento, mientras que el color de la piel del grupo de control cambió de verde a amarillo en solo 4 d. (Bolaños, D.2014.p.798), indica que la disminución del color verde en los pimientos fue notoria, partiendo de un porcentaje de color verde entre 56.1 y 57.55 y finalizando entre 11.17 % y 11.56 % en el día 17. (Chapuel, A.; & Reyes, X. 2019.p.118) utilizando los almidones de semilla de aguacate y banano para papaya formalizaron que los frutos en refrigeración variaron su color oscuro a color verde más claro transcurrido los 18 días. (Pilataxi J., 2017. pág. 44) elaboro un recubrimiento de almidón de yuca al 15% a los 22 días, evidencio menor alteración en cuanto a su coloración, conservándolos en estado de madurez 4 (Pintón medio) a 3°C, presentando una buena madurez comercial para tomates, encontrándose dentro de los parámetros de calidad establecidos por la (NTE INEN 2832. 2013. p.6). Mientras que los frutos control que presentaron cambios de coloración más pronunciados llegando al grado de madurez máximo a temperatura ambiente 18°C.

Por los resultados evidenciados en distintos estudios se deduce, que los recubrimientos comestibles de almidón, son una alternativa para prevenir la pérdida poscosecha de las frutas, debido a que actúan como una buena barrera protectora que evita la pérdida de agua, sustancia volátil, ralentiza las pérdidas de sus características sensoriales, y prolongan la vida útil de los frutos por más tiempo. Es así que el almidón es considerado como un buen material para realizar recubrimientos comestibles, encontrándose dentro de la definición que establece la normativa (INEN 751:96. 2012. p. 3) donde menciona que un recubrimiento es aquel que protege la superficie de la fruta con sustancias como aceites, ceras vegetales y otros productos con el propósito de reducir la marchitez, arrugamiento y mejorar la apariencia.

CONCLUSIONES

De acuerdo con la revisión de diversas investigaciones bibliográficas enfocadas en el estudio de recubrimientos comestibles se puede concluir lo siguiente:

El almidón tiene un alto potencial de uso en la elaboración de recubrimiento comestibles de acuerdo al número extenso de investigaciones encontradas, las mismas que destacan la efectividad de este polisacárido, además de enfatizar su disponibilidad y biocompatibilidad como materia prima, lo que conlleva a considerarlo como una excelente alternativa para la protección y conservación de frutas y hortalizas.

Los recubrimientos comestibles a base de almidón han demostrado tener un creciente auge en los últimos años, debido a los múltiples beneficios que generan, su uso constituye una alternativa futura para la conservación de frutas y hortalizas ya que evita la pérdida de agua, ayuda a conservar el contenido nutricional, mantienen la firmeza, y produce un retraso en maduración, posee propiedades de barrera que evita el flujo de gases, evidenciando un menor grado de deterioro en las frutas, extendiendo la vida de anaquel, proporcionando valor agregado y mejorando la calidad del producto por un periodo de tiempo prolongado.

Diversos estudios utilizan el almidón como base para elaborar recubrimientos comestibles, extraídos de diferentes fuentes como; maíz, papa, verde, y yuca, el almidón de maíz según su composición química es el más apto, para crear recubrimientos, sin embargo, es muy poco utilizado debido a que su cultivo se destina a la producción de alimentos, y muy poco al campo de investigación. Mientras que el almidón de yuca es el que más destaca para crear estos productos, varios autores reportan que la yuca posee atributos que lo hacen tener gran acogida en relación a los demás debido a que es un recurso de alta disponibilidad en diversas partes del mundo, posee un alto rendimiento como materia prima (produce un volumen mucho mayor de almidón de maíz), tiene fácil adhesividad sobre el producto, además es conocido por poseer propiedades que favorecen la formación de recubrimientos entre ellas se destaca la capacidad para gelificar y la facilidad para moldear.

RECOMENDACIONES

Los polisacáridos por su composición ofrecen propiedades moderadas de permeabilidad al oxígeno, y buenas propiedades de barrera, sin embargo presentan ciertas limitaciones en sus propiedades de humectabilidad y sus propiedades mecánicas, por lo que se recomienda realizar la búsqueda de nuevas técnicas que permitan mejorar las características funcionales de la mezcla utilizada para realizar RC, con el propósito de incrementar el rango de sus aplicaciones en el sector industrial y elaborar un producto viable comercialmente.

Se recomienda realizar investigaciones que se enfoquen en otros cereales y tubérculos, además de la yuca, como posibles fuentes de almidón para obtener RC, con el fin de explotar su uso y valorar las propiedades de especies olvidadas como el caso del camote, frutipan entre otros.

Los recubrimientos comestibles utilizan ciertos, agentes antioxidantes, antibacterianos e ingredientes funcionales, con el fin de mantener las características sensoriales y nutricionales de las frutas, por lo que es importante realizar investigaciones que permitan conocer los posibles efectos positivos que estos puedan generar a largo plazo en la salud del consumidor.

BIBLIOGRAFÍA

ACHIPIZ, SANDRA. et al. Efecto de recubrimiento a base de almidón sobre la maduración de la guayaba (psidium guajava). Bíotecnología en el Sector Agropecuario y Agroindustrial [En linea]. 2013, (Colombia). p. 98. Disponible en: http://www.scielo.org.co/pdf/bsaa/v11nspe/v11nespa11.pdf

ACUÑA, Luis, et al. Manual de poscosecha de frutas.INTA.ediciones [en línea], (2019), (Argentina), p. 1. [Consulta: 07 mayo 2020]. ISBN 978-987-8333-12-0 (digital). Obtenido de: https://www.researchgate.net/publication/336899829_Manual_de_poscosecha_de_frutas

ALARCÓN, H & ARROYO, E. Evaluación de las propiedades químicas y mecánicas de biopolímeros a partir del almidón modificado de la papa. Rev Soc Quím [En línea], (2016), (Perú), 82(3), pp. 316-317. [Consulta: 07 mayo 2020]. Obtenido de: http://www.scielo.org.pe/pdf/rsqp/v82n3/a07v82n3.pdf

ALMIDONES DE SUCRE. Almidón de yuca. [En línea]. Colombia. 2015. p. 2. [Consulta: 29 julio 2020]. Disponible en: http://www.almidonesdesucre.com.co/es/productos.html?limitstart=0

ALVIS Armando, et al. Análisis Físico-Químico y Morfológico de Almidones de Ñame, Yuca y Papa y Determinación de la Viscosidad de las Pastas. Información Tecnólogica [En línea], 2008, (Colombia), 19 (1), p. 4. [Consulta:12 agosto 2020]. Disponible en: https://scielo.conicyt.cl/pdf/infotec/v19n1/art04.pdf

AMAIZ, S, et al. Efecto del recubrimiento comestible a base de almidón de yuca sobre los parámetros químicos y sensoriales de cascos de guayaba. Cumbres [En línea], (2019), (Venezuela), 5(1), pp.137-140-141. [Consulta: 30 julio 2020]. ISSN: 1665-0204. Disponible en: http://investigacion.utmachala.edu.ec/revistas/index.php/Cumbres/article/view/363

ANCOS, B, et al. Uso de películas/recubrimientos comestibles en los productos de IV y V gama. Revista Iberoamericana de Tecnología Postcosecha [En línea], (2019), (México): 16 (1), p. 10 [Consulta: 30 julio 2020]. ISSN: 1390-9541. Disponible en: https://www.redalyc.org/pdf/813/81339864002.pdf

ANDRADE, Johana, et al. Desarrollo de un Recubrimiento Comestible Compuesto para la Conservación del Tomate de Árbol (Cyphomandra betacea S.). La Serena [En linea]. 2014, (Colombia), 25 (6). p. 1-2. ISSN 0718-0764. Disponible en: https://scielo.conicyt.cl/scielo.php?script=sci_arttext&pid=S0718-07642014000600008

ASTUDILLO GÓMEZ, Jhon; & **BOTINA MACÍAS,** Karol. Elaboración de un recubrimiento comestible a base de almidón de maíz y de yuca para tomate chonto (lycopersicom esculentum Mill) [En línea] (Trabajo de Titulación) (Ingeniería). (Tesis de grado) Universidad del Cauca, Facultad de Ciencias Agrarias, Programa de Ingeniería Agroindustrial. Popayán- Colombia. 2017. pp. 31-60-97. [Consulta: 2020-01-08]. Disponible en: http://repositorio.unicauca.edu.co:8080/bitstream/handle/123456789/1722/ELABORACI%c3%93N %20DE%20UN%20RECUBRIMIENTO%20COMESTIBLE%20A%20BASE%20DE%20ALMID %c3%93N%20DE%20MA%c3%8dZ%20Y%20DE%20YUCA%20PARA%20TOMATE%20CHO NTO%20%28Lycopersicom%20esculentum%20Mill%29.pdf?sequence=1&isAllowed=y

BALDEZ ALVES, Rafhaela. Revestimentos de amido, nanofibras de celulose e me-tabissulfito de sódio em goiabas (psidium guajaval.) Min-imamente processadas [En línea] (Trabajo de Titulación) (Ingeniería). (Tesis de Grado). Universidad Federal de LAVRAs. LAVRAS. 2016. p.59. [Consulta: 2020-08-19]. Disponible: http://repositorio.ufla.br/jspui/bitstream/1/12087/2/DISSERTA%C3%87%C3%83O_Revestimentos %20de%20amido%2C%20nanofibras%20de%20celulose%20e%20metabissulfito%20de%20%20s %C3%B3dio%20em%20goiabas%20%28Psidium%20guajava%20L.%29%20minimamente%20pro cessadas.pdf

BARCO HERNANDEZ, Paola Liceth, et al. Efecto del recubrimiento a base de almidón de yuca modificado sobre la maduración del tomate. Rev. Lasallista Investig. [En linea]. 2011, (Colombia),8(2), p. 4. ISSN 1794-4449. Disponible en:
http://www.scielo.org.co/pdf/rlsi/v8n2/v8n2a11.pdf

BASIAK, E. et al. Effect of Oil Lamination Between Plasticized Starch Layers on Film Properties. International Journal of Biological Macromolecules. [En línea], (2016), (USA): 195 (1), p.1 [Consulta: 25 marzo 2020]. DOI: oi.org/10.1016. Disponible en:
https://www.sciencedirect.com/science/article/abs/pii/S0308814615006445

BASIAK, E. et al. Effect of starch type on the physico-chemical properties of edible films. International Journal of Biological Macromolecules 98 [En línea], (2017), (USA): 98 (4), p.1 [Consulta: 25 abril 2020]. DOI: 10.1016/j.ijbiomac.2017.01.122. Disponible en:
https://doi.org/10.1016%2Fj.ijbiomac.2017.01.122

BASIAK, E. et al. How Glycerol and Water Contents Affect the Structural and Functional Properties of Starch-Based Edible Films. Polymers (Basel) [En línea], (2018), (USA): 10 (4), p.1 [Consulta: 25 marzo 2020]. DOI: 10.3390/polym10040412. Disponible en:
https://www.ncbi.nlm.nih.gov/pmc/articles/PMC6415220/

BOLAÑOS Ordoñez, D. Efecto de recubrimiento de almidón de yuca modificado y aceite de tomillo aplicado al pimiento (Capsicum annuum). Revista Mexicana de Ciencias Agrícolas [En linea]. 2014, (Colombia),5 (5), p. 798. Disponible en :
http://www.scielo.org.mx/pdf/remexca/v5n5/v5n5a6.pdf

CARRASCO HUANCA, L. & MOLOCHO VÁSQUEZ. Extracción del almidón. Universidad Nacional Autónomo de Chota, Carrera Profesional de Ingeniera Agroindustrial. [En línea], (2015), (Chota-Ecuador), pp.3-4 [Consulta: 08 Agosto 2020]. Disponible en:
https://es.calameo.com/read/005193087c8fe3b2314cf

CASTILLO SANTOS, Cynthia Yvory. Caracterización reológica y fisicoquímica de pastas y geles obtenidos del almidón de tres variedades de papa nativa (Solanumspp.) [En línea] (Trabajo de Titulación) (Ingeniería). (Tesis de Pregrado) Universidad Nacional del Altiplano, Facultad de Ciencias Agrarias, Escuela Profesional de Ingeniería Agroindustrial. Puno –Perú. 2017. p. 27. [Consulta: 2020-07-13]. Disponible en:
http://repositorio.unap.edu.pe/bitstream/handle/UNAP/10072/Castillo_Santos_Cynthia_Yvory.pdf?sequence=1&isAllowed=y

CASTRO GARCÍA Marlón et al. Recubrimiento comestible de quitosano, almidón de yuca y aceite esencial de canela para conservar pera (Pyrus communis L. cv. "Bosc"). La técnica [En línea], (2019), (Ecuador), p.43-44. [Consulta: 05 agosto 2020]. SSN: 1390-6895. Disponible en: https://revistas.utm.edu.ec/index.php/latecnica/article/view/970/910.

CEVALLOS CEDEÑO, José Antonio. La producción y exportación del almidón de yuca de la provincia de Manabí y su demanda en el mercado de Colombia en el periodo 2002-2006 [En línea] (Trabajo de Titulación). (Masterado). (Tesis de pregrado). Universidad Laica Eloy Alfaro de Manabí, Centro de Estudios de Posgrado, Investigación, Relaciones Y Cooperación Internacional, Cepirci. Manabí – Ecuador. 2007. p. 50-54-55 [Consulta: 2020-07-29]. Disponible en: https://repositorio.uleam.edu.ec/bitstream/123456789/1264/1/ULEAM-POSG-FCI-0021.pdf

CHAPUEL TARAPUEZ, Andrea Yesenia & REYES SUÁREZ Jetzy Xiomara. Obtención de una película biodegradable a partir de los almidones de semilla de aguacate (persea americana mill) y banano (musa acuminata aaa) para el recubrimiento de papaya. [En línea] (Trabajo de Titulación) (Ingeniería). (Tesis de grado). Universidad De Guayaquil, Facultad De Ingeniería Química, Carrera Ingeniería Química. Guayaquil- Ecuador. 2019. p. 97-118. [Consulta: 2020-08-03]. Disponible en: http://repositorio.ug.edu.ec/bitstream/redug/39933/1/401-1355%20-%20Obtenc%20pelicula%20biodegradable%20partir%20almidones%20semilla%20de%20aguacate.pdf

COMISIÓN PARA LA COOPERACIÓN AMBIENTAL (CCA). Caracterización y gestión de la pérdida y el desperdicio de alimentos en América del Norte, informe sintético, Comisión para la Cooperación Ambiental, Montreal. Canadá. 2017. p. 9 [Consulta: 14 julio 2020]. ISBN: 978-2-89700-228-2 Disponible en: http://www3.cec.org/islandora/es/item/11772-characterization-and-management-food-loss-and-waste-in-north-america-es.pdf

CONTRERAS ESTRADA, M, et al. Gelatinización y gelificación de almidones. [Investigación] [En línea]. Universidad Nacional Del Callao, Perú: 2015. pp.4-5 [Consulta: 08 Agosto 2020]. Disponible en: https://www.academia.edu/17812160/04_GELATINIZACION_Y_GELIFICACION_DE_ALMIDONES

CUSME RIVASANA, Karina Elizabeth & GÓMEZ SALVADOR, Ana Sofía. Porcentajes de almidones con adición de plastificantes naturales en la elaboración de un recubrimiento [En línea] Informe. Manabí - Ecuador. 2019. p. 25. [Consulta: 2020-08-18]. Disponible en: http://repositorio.espam.edu.ec/bitstream/42000/1062/1/TTMAI8.pdf

ESTRADA, E. et al. .Efecto de recubrimientos protectores sobre la calidad del mango (mangifera indical.) en poscosecha. Rev. U.D.C.A. [En línea], (2015), (Colombia), 18 (1), p.182 [Consulta: 25 abril 2020]. ISSN: 181-188. Obtenido de: http://www.scielo.org.co/pdf/rudca/v18n1/v18n1a21.pdf

FALCONÍ NOVILLO, José Francisco. Empleo de recubrimientos comestibles en la conservación de *Fragaria x Ananassa*(FRESA) [En línea] (Trabajo de Titulación) (Ingeniería). (Tesis de Grado). Escuela Superior Politécnica de Chimborazo, Facultad de Ciencias, Carrera de Ingeniería en Industrias Pecuarias. Riobamba- Ecuador. 2016. p. 45-46-48. [Consulta: 2020-06-16]. Disponible en: http://dspace.espoch.edu.ec/bitstream/123456789/6109/1/27T0331.pdf

FERNÁNDEZ VALDÉS, Daybelis, et al. Películas y recubrimientos comestibles: una alternativa favorable en la conservación poscosecha de frutas y hortalizas. Revista Ciencias Técnicas Agropecuarias, [En línea], 2015,(Cuba), 24 (3), pp. 53-54. [Consulta: 28 julio 2020]. ISSN 1010-2760. Disponible en: https://www.researchgate.net/publication/317517584_Peliculas_y_recubrimientos_comestibles_una _alternativa_favorable_en_la_conservacion_poscosecha_de_frutas_y_hortalizas

FERNÁNDEZ, Marcela. et al. Estado actual del uso de recubrimientos comestibles en frutas y hortalizas. Biotecnología en el Sector Agropecuaria. [En línea], 2017, (Colombia), 15 (2), pp. 136-138. [Consulta: 28 julio 2020]. SSN - 1692-3561. Disponible en: http://scielo.sld.cu/scielo.php?script=sci_arttext&pid=S2071-00542015000300008

FERREIRA SOARES, N, et al. Antimicrobial edible coating in post-harvest conservation of guava1 [En linea]. 2018, (Brazil), 281 (289), p. 282- 283. Disponible en: https://www.researchgate.net/publication/329019781_Antimicrobial_edible_coating_in_post-harvest_conservation_of_guava

FRANCO, M, et alt. Effect of Plasticizer and Modified Starch on Biodegradable Films for Strawberry Protection. Insitute of Sciencie and technology [En linea]. 2016, p. 1. https://doi.org/10.1111/jfpp.13063. Disponible en: https://ifst.onlinelibrary.wiley.com/doi/abs/10.1111/jfpp.13063

GARCÍA Mónica. et al. Métodos modernos para la caracterización de películas y recubrimientos comestibles. BioTecnología. [En línea], (2018), (México), 22(1), p.39. [Consulta: 04 agosto 2020]. Disponible en: https://smbb.mx/wp-content/uploads/2018/06/Garci%CC%81a-et-al-2018.pdf

GARCÍA ROLDÁN, Aitor. Comparación de las propiedades físicas de películas comestibles basadas en proteína aislada de suero lácteo o gelatina de pescado con extractos de hinojo marino incorporados [En línea] (Trabajo de Titulación) (Ingeniería). (Tesis de Grado). Universidad Pública de Navarra, Escuela Técnica Superior De Ingenieros Agrónomos. Pamplona, España. 2017.p.15 [Consulta: 2020-08-03]. Disponible en: https://academica-e.unavarra.es/bitstream/handle/2454/29023/TFG%20A.%20Garcia.pdf?sequence=1&isAllowed=n

GARCÍA, O & PINZÓN, M. Efecto de recubrimientos de almidón de plátano guayabo (musa paradisiaca l.) En la calidad de fresas. Revistas alimentos hoy [En línea], 2016, (Colombia), 25 (39), pp. 3-5-9. [Consulta: 8 marzo 2020]. ISSN 2027-291X. Disponible en: https://alimentoshoy.acta.org.co/index.php/hoy/article/view/407

GENEVOIS, Carolina. et al. Application of edible coatings to improve global quality of fortified pumpkin. Innovative Food Science and Emerging Technologies [En línea], 2017, (Argentina), vol. 33, p. 1. [Consulta: 11 junio 2020]. Doi.org/10.1016/j.ifset.2015.11.001. Disponible en: https://www.sciencedirect.com/science/article/pii/S1466856415002143

HERNÁNDEZ Marilyn. Caracterización fisicoquímica de almidones de tubérculos cultivados en Yucatán, México. Ciênc. Tecnol. Aliment., Campinas [En línea], 2008, (México), 28 (3), p.5. [Consulta:12 agosto 2020]. DOI 10.1016/j.foodhyd.2017.05.023. Disponible en: https://www.scielo.br/pdf/cta/v28n3/a31v28n3.pdf

HOLGUÍN CARDONA, Juan Sebastián. Obtención de un bioplástico a partir de almidón de papa [En línea] (Trabajo de Titulación) (Ingeniería). (Tesis de Grado). Fundación Universidad de América, Facultad de Ingenierías programa de Ingeniería Química. Bogotá-Colombia. 2019.p.34 [Consulta: 2020-08-03]. Disponible en: https://repository.uamerica.edu.co/bitstream/20.500.11839/7388/1/6132181-2019-1-IQ.pdf

IBARRA HERNÁNDEZ, E. *Ingeniería de tequilas.* [En línea]. 1a Edición, Bogota-Colombia: INNOVA, 2010. [Consulta: 12 agosto 2020]. Disponible en: https://books.google.com.ec/books?id=SytHZWErOv8C&pg=PA70&dq=Contenido+de+Amilosa+y+amilopectina+en+los+almidones+m%C3%A1s+comunes&hl=es&sa=X&ved=2ahUKEwjrjtGb6JbrAhWirVkKHbxbBRoQ6AEwAXoECAEQAg#v=onepage&q=Contenido%20de%20Amilosa%20y%20amilopectina%20en%20los%20almidones%20m%C3%A1s%20comunes&f=false

INFOAGRO. Deterioro de las frutas y hortalizas frescas en el periodo de poscosecha [En línea] 2019, [Consulta: 2020-05-05]. Disponible en:

https://www.infoagro.com/frutas/deterioro_poscosecha_frutas_hortalizas.htm

INSTITUTO ECUATORIANO DE NORMALIZACIÓN (INEN). Norma Técnica Ecuatoriana INEN 1751. *Frutas frescas definición y clasificación.* Quito - Ecuador. 1996. p.3- 4 [Consulta: 27 julio de 2020]. Disponible en: https://archive.org/details/ec.nte.1751.1996/page/n9/mode/2up

INSTITUTO ECUATORIANO DE NORMALIZACIÓN (INEN). Norma Técnica Ecuatoriana INEN 2832. Norma para el tomate (codex stan 293-2007, mod). Quito - Ecuador. 2013. p.6 [Consulta: 21 agosto de 2020]. Disponible en:

https://www.normalizacion.gob.ec/buzon/normas/nte_inen_2832.pdf

JIMENES TRUJILLO, Angélica. Recubrimiento comestible a base de aloe vera (aloe barbadensis miller) para papaya (carica papaya) y guayaba (psidi um guajava)como alimentos de IV gama. FICAYA [En linea]. 2016, (Ecuador), p. 15. Disponible en:

http://repositorio.utn.edu.ec/bitstream/123456789/6455/2/ARTICULO.pdf

LEÓN CHUMBIAUCA Etelvina Carmen. Determinación de la vida útil de frutas inmersas en dos tipos de geles a t0 ambiente en periodos estacionales [En línea] (Trabajo de Titulación) (Masterado). (Tesis de Grado). Universidad Nacional Del Callao, Vicerrectorado De Investigación, Facultad De Ingeniería Pesquera Y De Alimentos. Bella Vista-Callao. 2015. p.27. [Consulta: 2020-08-19]. Disponible en:
http://repositorio.unac.edu.pe/bitstream/handle/UNAC/991/005.pdf?sequence=1&isAllowed=y

LEÓN VIRGÜEZ, Carolina. Recubrimientos comestibles a base de almidón con potencial aplicación en conservación de frutas [En línea] (Trabajo de Titulación) (Ingeniería). (Tesis de Grado). Universidad Nacional Abierta Y A Distancia, Especialización En Procesos De Alimentos Y Biomateriales. Bogotá-Colombia. 2018.p.14 [Consulta: 2020-08-03]. Disponible en: https://repository.unad.edu.co/bitstream/handle/10596/21299/52975967_.pdf?sequence=1&isAllowed=y

LÓPEZ LÓPEZ, Henry. Comportamiento de frutos de chile (Capsicum annuum) tipo jalapeño a la desinfección con diferentes sanitizantes en Poscosecha [En línea] (Trabajo de Titulación) (Ingeniería). (Tesis de Grado). Universidad Autónoma Agraria Antonio Narro, Ingeniería en Ciencia y Tecnología de Alimentos. Coahuila- México. 2013. pp 31-32. [Consulta: 2020-06-16]. Disponible en: http://repositorio.uaaan.mx:8080/xmlui/bitstream/handle/123456789/526/62620s.pdf?sequence=1

MÁRQUEZ CARDOZO, C, et al. Effect of cassava starch coatings with ascorbic acid and N-acetylcysteine on the quality of harton plantain (Musa paradisiaca). Revista Facultad Nacional de Agronomía [En linea]. 2015, (Colombia),68 (2), p. 6. ISSN 0304-2847. Disponible en : https://translate.google.com/translate?hl=es&sl=en&u=http://www.scielo.org.co/scielo.php%3Fscript%3Dsci_arttext%26pid%3DS0304-28472015000200010&prev=search&pto=aue

MELO SABOGAL, Diana. et al. Aprovechamiento de pulpa y cáscara de plátano (musa paradisiaca spp) para la obtención de maltodextrina. Biotecnología en el Sector Agropecuario y Agroindustrial [En línea], 2015, (Colombia), 13 (2), p. 38. [Consulta: 3 julio 2020]. Disponible en: http://www.scielo.org.co/pdf/bsaa/v13n2/v13n2a09.pdf.

MONTOYA LÓPEZ, J. & et al. Caracterización de harina y almidón de frutos de banano Gros Michel (Musa acuminata AAA). Acta Agronómica, [En línea], 2015, (Colombia), 64 (1), p. 12. [Consulta: 14 julio 2020]. ISSN 0120-2812 Disponible en: https://www.redalyc.org/pdf/1699/169932884002.pdf

OLIVEIRA, Rodrigo. Fabrican plástico biodegradable con almidón de yuca [En línea].Colombia : El Espectador, 2019. [Consulta: 4 agosto 2020]. Disponible en: https://www.elespectador.com/noticias/ciencia/fabrican-plastico-biodegradable-con-almidon-de-yuca/

OÑATE ZÚÑIGA, Lizbeth Estefanía. Desarrollo de un recubrimiento comestible para fresa (Fragaria x ananassa Duchesne) en base a almidón de papa china (Colocasia esculenta Schott) de la variedad blanca [En línea] (Trabajo de Titulación) (Ingeniería). (Tesis de Grado). Universidad técnica de Ambato, Facultad De Ciencia E Ingeniería En Alimentos, Carrera De Ingeniería En Alimentos. Ambato- Ecuador. 2018.p. 14 [Consulta: 2020-05-16]. Disponible en: https://repositorio.uta.edu.ec/bitstream/123456789/28391/1/AL%20685.pdf

ORGANIZACIÓN DE LAS NACIONES UNIDAS PARA LA GRICULTURA Y LA SALUD (FAO). Los carbohidratos en la alimentación humana. Infome de consulta mixta FAO/OMS de expertos Roma. [En línea], 1997, (Roma), p.75. [Consulta: 12 agosto 2020]. ISBN 92- 5-304114-5. Disponible en: https://books.google.com.ec/books?id=FZ_ed5pkNdoC&pg=PA74&dq=Contenido+de+Amilosa+y+amilopectina+en+los+almidones+m%C3%A1s+comunes&hl=es&sa=X&ved=2ahUKEwiG76Tt0pbrAhVQmVkKHW98BuwQuwUwAHoECAAQCQ#v=onepage&q=Contenido%20de%20Amilosa%20y%20amilopectina%20en%20los%20almidones%20m%C3%A1s%20comunes&f=false

ORGANIZACIÓN DE LAS NACIONES UNIDAS PARA LA GRICULTURA Y LA SALUD (FAO). Conservación de frutas y hortalizas mediante tecnologías combinadas. Manual de capacitación. [En línea], 2004, (Roma), p.8. [Consulta: 24 agosto 2020]. Disponible en : http://www.fao.org/3/a-y5771s.pdf

PAUTA LUNA, Diego. Recubrimientos comestibles a base de almidón y goma de gelano para la conservación postcosecha de manzana [En línea] (Trabajo de Titulación) (Maestría). (Tesis de pregrado). Universitat Politécnica De Valencia, Ingeniería En Alimentos. Valencia- España. 2017.pp. 4-6-7.   [Consulta: 2020-05-16].   Disponible   en: https://riunet.upv.es/bitstream/handle/10251/99194/PAUTA%20- %20RECUBRIMIENTOS%20COMESTIBLES%20A%20BASE%20DE%20ALMID%C3%93N% 20Y%20GOMA%20DE%20GELANO%20PARA%20LA%20CONSERVACI%C3%93N%20POST CO....pdf?sequence=1.

PILATAXI RAMÍREZ Jorge. Efecto del recubrimiento con tres soluciones de almidón de yuca en la conservación del fruto de tomate riñón (Solanumlycopersicum, Mill) [En línea] (Trabajo de Titulación) (Ingeniería). (Tesis de Grado). Universidad Central Del Ecuador, Facultad De Ciencias Agrícolas, Carrera De Ingeniería Agronómica. Quito- Ecuador. 2019.pp.9-44. [Consulta: 2020-08- 08]. Disponible en: http://www.dspace.uce.edu.ec/bitstream/25000/19846/1/T-UCE-0004-CAG- 158.pdf

RAMOS GARCÍA, M. et al. Almidón modificado: Propiedades y usos como recubrimientos comestibles para la conservación de frutas y hortalizas frescas. Revista Iberoamericana de Tecnología Postcosecha [En línea], (2018), (México), 19(1), p.3. [Consulta: 05 agosto 2020]. ISSN: 1665-0204. Disponible en https://www.redalyc.org/jatsRepo/813/81355612003/81355612003.pdf

RIBBA Laura. **et al.** Disadvantages and limitations of starch-based materials. Research gate [En línea], (2017), (Argentina), p.37-38. [Consulta: 05 agosto 2020]. Doi org /10.1016/B978-0-12- 809439-6.00003-0   Disponible   en: https://www.sciencedirect.com/science/article/pii/B9780128094396000030

ROCHA Anny, **et al.** Conservation of "Paluma" guavas coated with cassava starch and pectin. DYNA. [En línea]. 2017, (Colombia), 85 (204), p. 3-5. [Consulta: 3 julio 2020]. ISSN 0012-7353. Disponible en: http://www.scielo.org.co/scielo.php?pid=S0012- 73532018000100344&script=sci_abstract&tlng=pt

RUBIO ARAUJO, Favio Nolberto. Métodos de control postcosecha de antracnosis en frutas [En línea] (Trabajo de Titulación) (Ingeniería). (Tesis de Grado). Universidad Nacional de Trujillo,

Facultad de Ciencias Agropecuarias, Escuela Académico Profesional de Ingeniería Agroindustrial. Trujillo – Perú. 2015. pp. 2-3-4. [Consulta: 2020-06-16]. Disponible en: http://dspace.unitru.edu.pe/bitstream/handle/UNITRU/4302/RUBIO%20ARAUJO%20FABIO%20 NOLBERTO.pdf?sequence=3&isAllowed=y

RUILOBA, Ivanova. et al. Elaboración de bioplastico a partir de almidón de semillas de mango. Grupo Ciencia y Tecnología Innovadora de Alimentos [En línea], 2018, (Panamá), 4(1), p.1. [Consulta: 03 agosto 2020]. Disponible en: file:///D:/TEMPOR~1/1815- Texto%20del%20art%C3%ADculo-8742-2-10-20180710.pdf

RUIZ MEDINA, DOLORES. Diseño de un recubrimiento comestible bioactivo para aplicarlo en la frutilla (fragaria vesca) como proceso de pos cosecha [En línea] (Trabajo de Titulación) (Ingeniería). (Tesis de Grado). Escuela Politécnica Nacional, Facultad de Ingeniería Química y Agroindustria. Quito- Ecuador.2015. p.45- 47. Disponible en: https://bibdigital.epn.edu.ec/bitstream/15000/11181/1/CD-6412.pdf

SALGADO ORDOSGOITIA, R. et al. Análisis de las curvas de gelatinización de almidones nativos de tres especies de ñame:criollo (dioscorea alata), espino (dioscorea rotundata) y diamante 22. Scielo, [En línea], 2019, (Colombia), 30(4), p.99. [Consulta: 30 julio 2020]. Disponible en: https://scielo.conicyt.cl/pdf/infotec/v30n4/0718-0764-infotec-30-04-00093.pdf

SÁNCHEZ, I, et al. Characterization and antimicrobial effect of starch-based edible coating suspensions. Food Hydrocolloids [En línea], 2016, (USA), p. 1. [Consulta:14 agosto 2020]. Disponible en: https://www.sciencedirect.com/science/article/abs/pii/S0268005X15300795

SANTIAGO SANTIAGO, Maricela. Elaboración y caracterización de películas biodegradables obtenidas con almidón nano estructurado [En línea] (Trabajo de Titulación) (Maestra), Universidad Veracruzana, Instituto De Ciencias Básicas. Veracruz- México. pp.5-6. 2015. Disponible en:

https://cdigital.uv.mx/bitstream/handle/123456789/46809/SantiagoSantiagoMaricela.pdf?sequence=
2&isAllowed=y

SHAH, Umar. et al. A review of the recent advances in starch as activeand nanocomposite packaging
films. Cogent Food & Agriculture, [En línea], 2015, (USA), 1(1), pp.1-2. [Consulta: 05 agosto 2020].
ISSN   (Print)   2331-1932   (Online)   Journal   homepage: Disponible   en:
https://www.tandfonline.com/doi/pdf/10.1080/23311932.2015.1115640

SIMBAÑA TIPÁN, Klever Fernando. Evaluación del efecto del recubrimiento con dos soluciones
de almidón de yuca en babaco(Vasconcellea x heilbornii. Heiborn) a dos temperaturas [En línea]
(Trabajo de Titulación) (Ingeniería). (Tesis de Grado). Universidad Central Del Ecuador, Facultad De
Ciencias Agrícolas, Carrera De Ingeniería Agronómica. Quito- Ecuador. 2019.p.4-30-34. [Consulta:
2020-08-08]. Disponible en: http://www.dspace.uce.edu.ec/bitstream/25000/18335/1/T-UCE-0004-
CAG-080.pdf

SOLANO DOBLADO, L. et al. Películas y recubrimientos comestibles funcional izados. TIP
Revista Especializada en Ciencias Químico-Biológicas, [En línea], 2018, (México), 21(1), p.32-33-
38. [Consulta: 2 julio 2020]. DOI 10.22201/fesz.23958723e.2018.0.153. Disponible en:
http://tip.zaragoza.unam.mx/index.php/tip/article/view/153/166

SOLÍS JIMENEZ, Diana et al. Efecto de recubrimiento de almidón de yuca modificado sobre
aguacate hass. Rev. P+L [en linea], 2015, (Colombia), 10 (2), pp.32-36. ISSN 1909-0455.Disponible
en: http://www.scielo.org.co/pdf/pml/v10n2/v10n2a04.pdf

SOLÓRZANO VILLACRÉS, Vicky. Estudio del efecto de un recubrimiento comestible con látex
de sande(brosimum utile) sobre la vida útil de yuca (manihot sculenta), tomate de árbol (solanum
betaceum) y papa chaucha (solanum phureja) [En línea] (Trabajo de Titulación) (Ingeniería). (Tesis
de Grado). Escuela Superior Politécnica de Chimborazo, Facultad de Ciencias, Escuela de

Bioquímica y Farmacia. Riobamba- Ecuador. 2015.pp.12-30 [Consulta: 2020-06-16]. Disponible en: http://dspace.espoch.edu.ec/handle/123456789/4372

SONG Xiaoyong. et al. Effect of Essential Oil and Surfactant on the Physical and Antimicrobial Properties of Corn and Wheat Starch Films. International Journal of Biological Macromolecules. [En línea]. 2018, (China), 107 (2), p.1 [Consulta: 8 julio 2020]. DOI 0.1016/j.ijbiomac.2017.09.114. Disponible en: https://pubmed.ncbi.nlm.nih.gov/28970166/

TIANYU Jiang. et al. Starch-based biodegradable materials: Challenges and opportunities. Centre for Polymers from Renewable Resources. [En línea], (2019), (China), 8(18), p.8. [Consulta: 05 agosto 2020.DOI   10.1016/j.aiepr.2019.11.003   Disponible   en: https://www.sciencedirect.com/science/article/pii/S254250481930051X

TOSNE, LIZETETH. et al. Efecto De Recubrimiento De Almidón De Yuca Y Cera De Abejas Sobre El Chontaduro. Biotecnología en el Sector Agropecuario y Agroindustria Hortic [En linea]. 2014, (Colombia), 12 (2), pp. 6-7. Disponible en: http://www.scielo.org.co/pdf/bsaa/v12n2/v12n2a04.pdf

TRUJILLO RIVERA, Cinthya Tatiana. "Obtención de películas biodegradables a partir de almidón de yuca (manihot esculenta crantz) doblemente modificado para uso en empaque de alimentos"[En línea] (Trabajo de Titulación) (Ingeniería). (Tesis de Grado). Universidad Nacional Amazónica De Madre De Dios, Facultad De Ingeniería, Escuela Académica Profesional De Ingeniería Agroindustrial.   Puerto Maldonado - Perú. 2014. p.20. [Consulta: 2020-08-06]. Disponible en: http://repositorio.unamad.edu.pe/bitstream/handle/UNAMAD/65/004-2-1-013.pdf?sequence=1&isAllowed=y

VALENCIA CHAMORRO, S.; & TORRES MORALES, J. Recubrimientos comestibles aplicados en productos de IV y V gamma. Revista Iberoamericana de Tecnología Postcosecha. [En línea]. 2016, (México), 17 (2), pp. 162-163-164-165. [Consulta: 8 julio 2020]. ISSN 1665-0204. Disponible en: https://www.redalyc.org/jatsRepo/813/81349041004/html/index.html

VILLADA, Héctor. **et al.** Investigación de Almidones Termoplásticos, Precursores de Productos Biodegradables. Información Tecnológica. [En línea], 2018, (Colombia), 19 (2), p.6. [Consulta: 03 agosto 2020]. Disponible en: https://scielo.conicyt.cl/pdf/infotec/v19n2/art02.pdf

ZAPADOR, M & CHIRAL, A. Starch-Based Coatings for Preservation of Fruits and Vegetables. Revestim [En línea]. 2018, (España), 8 (5). pp.2-7. [Consulta: 10 julio 2020]. DOI: 10.3390 / revestimientos 8050152. Obtenido de:
https://translate.google.com/translate?hl=es&sl=en&u=https://www.researchgate.net/publication/32
4753468_Starch-
Based_Coatings_for_Preservation_of_Fruits_and_Vegetables&prev=search&pto=aue

ZAPATA CRIOLLO Danixa Marilyn. Evaluación de biopelículas formuladas a partir de almidón de banano verde (Musa paradisiaca) y yuca (Manihot esculenta) con gel de sábila (Aloe vera) [En línea] (Trabajo de Titulación) (Ingeniería). (Tesis de Grado). Universidad Nacional De Piura, Facultad de Ingeniería Industrial, Escuela Profesional de Agroindustrial e Industrias Alimentarias. Piura-Perú. 2019. p. 16. [Consulta: 2020-08-03]. Disponible en: http://repositorio.unp.edu.pe/bitstream/handle/UNP/1586/IND-ZAP-CRI-2019.pdf?sequence=1&isAllowed=y

Printed by Books on Demand GmbH, Norderstedt / Germany